YOU CAN WORK YOUR OWN MIRACLES

你可以创造自己的奇迹

[美] 拿破仑·希尔（Napoleon Hill）著

中国青年出版社
CHINA YOUTH PRESS

图书在版编目（CIP）数据

你可以创造自己的奇迹 /（美）拿破仑·希尔著；王蓉译.
—北京：中国青年出版社，2020.9
书名原文：You Can Work Your Own Miracles
ISBN 978-7-5153-6114-7

Ⅰ.①你… Ⅱ.①拿…②王… Ⅲ.①人生哲学—通俗读物 Ⅳ.①B821-49

中国版本图书馆 CIP 数据核字（2020）第125705号

You Can Work Your Own Miracles © 1971 The Napoleon Hill Foundation
Simplified Chinese translation copyright © 2020 by China Youth Press.
All rights reserved.

你可以创造自己的奇迹

作 者：	〔美〕拿破仑·希尔
译 者：	王 蓉
策划编辑：	于 宇
责任编辑：	于 宇
文字编辑：	张祎琳
美术编辑：	佟雪莹
出 版：	中国青年出版社
发 行：	北京中青文文化传媒有限公司
电 话：	010-65511270 / 65516873
公司网址：	www.cyb.com.cn
购书网址：	zqwts.tmall.com
印 刷：	北京博海升彩色印刷有限公司
版 次：	2020年9月第1版
印 次：	2020年9月第1次印刷
开 本：	880×1230 1/32
字 数：	90千字
印 张：	7.25
京权图字：	01-2019-1561
书 号：	ISBN 978-7-5153-6114-7
定 价：	59.90元

版权声明

未经出版人事先书面许可，对本出版物的任何部分不得以任何方式或途径复制或传播，包括但不限于复印、录制、录音，或通过任何数据库、在线信息、数字化产品或可检索的系统。

中青版图书，版权所有，盗版必究

目 录

序言 / 007

第 1 章

每个人都可以创造"奇迹" / 015

第 2 章

穿越生命奇迹之谷 / 035

第 3 章

生命中第一个奇迹

变革中的成长法则 / 049

第 4 章

生命中第二个奇迹

看不见的指导 / 067

第 5 章

生命中第三个奇迹

痛苦的通用语言 / 089

> 第 6 章

生命中第四个奇迹

奋斗中成长 / 111

> 第 7 章

生命中第五个奇迹

战胜贫穷 / 121

> 第 8 章

生命中第六个奇迹

失败可能是一种祝福 / 145

> 第 9 章

生命中第七个奇迹

悲伤：通往灵魂之路 / 163

> 第 10 章

生命中第八个奇迹

大自然明确的目的 / 177

> 第 11 章

生命中第九个奇迹

大自然深厚的记账系统 / 185

第 12 章

生命中第十个奇迹

时间：大自然万能的良药 / 193

第 13 章

生命中第十一个奇迹

智慧能拔除死亡的毒刺 / 207

第 14 章

生命中第十二个奇迹

思想的无限力量 / 213

序 言

每一次逆境、每一次不愉快的遭遇、每一次失败、每一次身体的疼痛都蕴含着同等利益的种子。拉尔夫·沃尔多·爱默生最伟大的文章《补偿》（*Compensation*）详尽地证实了这一真理。我刚刚经历的一次体验不仅证实了这一点，而且为我提供了一种方法，使我可以帮助成百上千万的人把身体疼痛转变成对自己有益的建设性的生活插曲。

我坐在加利福尼亚州洛杉矶市一位牙医的椅子上，等着他拔出我最后的九颗牙齿，准备安装临时假牙。牙医已经麻醉了我的上下颌，我想自己正在等待麻醉剂生效。每隔一分钟左右，牙医就把一个仪器塞进我的嘴里，好像在检查我的牙龈。这样持续做了一段时间后，我问道："医生，你准备好拔牙了吗？"

他一脸惊讶地回答："你为什么这样问？我已经拔了六颗了，只剩下三颗了。拔出来的就在你前面的桌子上。"

我看了看，果然，在我不知道手术已经进行的情况下，六颗牙齿已经拔掉了。接着，我和牙医之间的对话让我获得了"同等利益的种子"，作为我所经历的牙科手术的补偿。数百万人会从阅读我的故事中受益，当他们去看牙医时会借鉴这个故事所提供的教训。那颗"种子"表现为这本书的计划和目的，本书就是受到那次谈话的启发而写的。

拔掉最后三颗牙后，牙医问："我拔你那六颗牙时，你在哪里？"

"在KFWB电台，"我答道，"排练下周日的节目。"

"哦，"我的牙医惊叫道，"我做牙科已经三十年了，但从没有遇到过病人在不知情的情况下被拔掉牙齿。你究竟是怎么做到的？"

"那很容易，"我回答，"在你开始做手术前，我已经为这次手术调整了我的思想。调整的部分是我把注意力集中在一些愉快的事情上，而远离手术本身。"

"哎呀！你这个人啊！"我的牙医答道，"如果你知道怎样教别人在做牙科手术时调整自己的思想以消除对牙科的恐惧，把你的方法写成一本书出版，这个国家的牙医会在一年内帮你卖出一百万本。"

那天，在我离开牙医诊所之前，就已经构思好了这本书，并概述了我把对牙科的恐惧转变成一段精彩插曲的整个方法，这段插曲可能会给成百上千万人带来控制身体疼痛的方案。

这个方法有一个奇怪的特点，那就是它与我帮助过数百万人调整思想以获得物质丰收的方法是相同的。这个方法已有五十多年的历史了。当安德鲁·卡内基委托我创建世界上第一个个人成就实用哲学时，它就开始了，它由五百多位与我合作，共同完善这一哲学的美国顶级成功人士的个人经历提炼而成。

交付这个方法之前,我有必要帮助读者调整自己的思想来接受它。就像我们在上高等数学前必须掌握基础数学一样,必须先学习与思想调整的知识相关的重要学科,才能一步一步地学到思想调整的方法,这些将在下面的章节中进行阐述。

耐心并仔细地读完这本书,你会发现自己不曾觉察到的已经拥有的一个财富新世界。我将用任何人都能理解的通俗易懂的语言来描述这个方法,它帮助我把牙科手术变成了一个完全没有痛苦的精彩插曲。

但这只是开始!

我将在本书中揭示思想调整系统有助于一个人掌控许多他不想要的生活状况,如身体上的疼痛、悲伤、恐惧和绝望,同时获得他所渴望的东西,如心灵的平静、自我理解、财务丰裕以及所有人际关系的和谐。

就我以前的书中遗漏的许多主题而言,这本书无疑是最能说明问题的,因为我希望在牙科医生和其他医生的支持下呈现这些主题,他们的病人需要他们所传达的大部分信息。

在我之前的书中,我已经展示了如何使一个人的工作、职业或生意在有利可图的条件下获得回报。据调查,我的书已经帮助数百万人在经济上变得富裕。在这本书中,我的目标是通过一个自律的系统,帮助人们因自己的选择而获得生活的回报,这个系统具有让每一位读者都能证明它的正确性的惊人优势。

最后,我为那些个人问题仍未得到解决的人以及有不愉快的状况必须掌控的人写了这本书,希望我所写的内容能对每位读者都大有裨益,并为向病人推荐本书的医生和牙医朋友长脸。

起初,我只打算写一本书,帮助人们在牙科或外科手术中调整他们的思维,但当我开始概括这本书的内容框架时,我构想了一个比预想更大的目标。目的是让读者充分受益于我40多年来对成功与失败、幸福与痛苦的原因的研究，以及在创建成功科学过程中所积累的重要知识，它们现在以许多不同的题目出版，读者遍及世界大部分地区。

在接下来的章节中，我将介绍一些生命中的伟大奇迹，通过这些奇迹，读者可以发现并获得后一章中描述的十二大财富。我还将揭示如何将恐惧、贫穷、悲伤、失败和身体上的痛苦转化为巨大利益的鼓舞力量。

以开放的心态阅读后面的章节，你就会发现所有奇迹中最伟大的那个——我无法描述，因为它只为你所知，而且完全在你的控制之下！这个奇迹包含了一个密码，它能让你自由，帮助你获得生命中所有的十二大财富。它能带给你内心的宁静，给你一个非常平衡的生活，包括你需要或渴望的每一个环境和每一件物质的东西。

在这本书里，通过对奇迹的描述，我给了你一半的密码，但另一半在你的手里，必须加上我提供的那一半才完整。当你读到这些章节时,你所拥有的那一半密码将会展现出来。当你认出它,运用它,并开始把它转变成你自己创造的完美生活时,你就会明白,比起在牙科和外科手术中消除对身体疼痛的恐惧,这本书给了你更重要的东西。

这样,你既能成为一些简单事务的主人,也能成为更大事务的主人。

拿破仑·希尔

第1章

每个人都可以创造"奇迹"

一位准爸爸在医院手术室前的走廊里踱来踱去，等待被告知新生儿是男孩还是女孩。

门开了，两个护士走了出来，从等候着的父亲身边走过，没有看他。之后，医生走到门口，犹豫了一会儿，示意焦急的父亲进来。

"在你进去之前，"医生开始说，"你要做好思想准备。他是个男孩，天生没有耳朵。他一点耳朵都没长，这一生都听不见声音。"

"他可能生下来就没有耳朵，"这位父亲喊道，"但他不会一辈子都听不见声音！"

"别激动，"医生答道，"你要准备好接受现实，而不是你希望成为的那样。医学界已有类似于你儿子病情的其他病例，在这种情况下出生的孩子没有一个能听到。"

"医生，我非常钦佩你的医术，但在某种意义上我也是一名医生,因为我发现了一种有效的治疗方法,它几乎在任何情况下都能满足人类的需要。这一疗法的第一步就是必须拒绝接受任何你不想要的不可避免的情况。我现在、此刻就通知你,我永远不会接受我儿子的痛苦无法解决的这一事实。"

医生没有说话,但他脸上惊讶的表情分明在说"可怜的小伙子,我为你感到难过,但你会发现人们不得不接受生活中发生的一些事情。"他挽着这位父亲的胳膊,走进母亲和婴儿所等候的房间,当父亲看着那种医生真诚地认为"不得不接受的人生境遇"时,他静静地站着,但内心试图力挽狂澜。

时间过得很快。25年后,另一位医生手里拿着X光片,微笑着走出实验室。"太神奇了,"他喊道,"我从各个角度对这个年轻人的头部进行了X光检查,证据表明他没有任何听力器官,但我的测试显示他有65%的正常听力。"

这位医生是纽约市著名的耳科专家,他手里拿着的X光片是一个年轻人头部的片子，如果不是那位父亲拒绝接受耳聋所做的努力引起大自然来修正它，这个年轻人无疑会终生失聪。

我可以保证这件事情是真的，因为我就是那位父亲，拒绝接受像我儿子生下来就没有耳朵这样无法治愈的巨大痛苦。

在将近9年的时间里，我把大部分时间都花在了一种力量的运用上，这种力量使我儿子最终恢复了65%的正常听力。这足以使他在小学、中学和大学的成绩与最好的学生持平，足以使他适应生活，过正常的日子，而不会像大多数聋人那样遭遇不便或尴尬。

我是如何创造这个"奇迹"的？

谁或什么在运行，在天生没有耳朵的这个孩子的脑袋里发生了什么，使他能够发展出足够的听力，让他满意地度过一生？

耳科专家也被问了同样的问题。以下是他的答复："毫无疑问，这位父亲通过孩子的潜意识发出的心理指令影响了大自然，使其随机应变创造了一种神经系统，这种神经系统将大脑与颅骨内壁连接起来，使孩子能够通过现在被称为骨传导的东西听到声音。"

希望读者读完这本书的时候，也能受到"奇迹"的具体特性的启示，它拯救了一个失聪的孩子，使其脱离了聋人的生活。这是这本书的主要目的。

作者在相当年轻的时候，自从第一次意识到这个"奇迹"，就一直受到这个"奇迹"的帮助。它帮助他战胜了恐惧、迷信、无知和贫穷，这是人类的四大敌人，许多人不战而降，因为他们不懂得如何运用"奇迹"拒绝接受他们不想要的生活。

只有在心理上真正接受了"奇迹"，才能够向他人描述"奇迹"的确切性质。因此，在读者习惯于接受"奇迹"的全部含义之前，可能有必要阅读并分析本书后面的所有章节。

本章已经描述了一些非常明确的方法，但这些方法可能不足以揭示一个人可以成功拒绝生活中不想要的东西的最高机密。

这个秘密值得认真研究,因为它是万能钥匙,可以为所有拥有它的人打开通往多重幸运的大门,包括控制对牙科和医疗手术的恐惧。因此,让我们把注意力转向积极心态的深层次潜能。

如果你能控制自己的心态,就能控制几乎影响你生活的所有状况,包括你的恐惧和各种各样的担忧。

心态有多重要

只要分析一下心态在生活中所起的作用,我们就会知道它有多重要。

你吸引到的是友善的人还是令人生厌的人,取决于你的态度是积极的还是消极的,你的心态是主要因素。你是唯一能决定这一切的人。

心态是保持身体健康的重要因素。所有医生都知道,而且大多数医生都会承认,在治疗身体疾病时，病人的精神状态比其他任何单一因素都更重要。

一个人从祷告中得到什么结果，心态是决定因素，也许是最重要的因素。人们早就知道，当一个人以一种被恐惧、怀疑和焦虑所左右的精神状态去祈祷时，只会得到消极的结果。只有以深切信任的心态支持的祈祷才能带来积极的结果。

在公路上驾驶汽车时，你的精神状态在很大程度上决定了你是一名安全的驾驶员，还是一名危及自身和他人生命的交通肇事者。据说大多数车祸都是由于酒后驾驶、愤怒、司机的某种过度焦虑或担心造成的。

你的心态在很大程度上决定了你是在内心平静中还是在挫败感和痛苦的状态下度过一生。

无论推销的是什么（产品、个人服务或任何商品），心态都是推销的基础。一个心态消极的人什么也卖不出去。他可能会有订单，但却没有卖出任何东西。交易是一次完整的购买行为。也许你已经在许多零售店看到过这一事实,在那里,销售人员的思维显然不是为了取悦顾客。

心态在很大程度上掌管着一个人在生活中所占据的空间,成功者成就朋友,为子孙后代做出贡献。人们常说心态决定一切,这并不是对事实的过分夸大。

心态是一种使人的心理适应手术或牙科治疗的方法,而不用担心身体疼痛。后面的章节清楚地描述了实现这一目标的方法。

有些人相信心态除了在生活中影响身体,也会影响个人死后发生的事情。这一理论除了显然合乎逻辑以外,并没有确凿的证据证明它是正确的。

最后,关于心态重要性的最令人信服的证据是,它是唯一一个任何人都享有的完全的、不可挑战的个人控制的特权。我们不能控制他人的思想或行为,我们不能控制生死,但我们有一种不可动摇的特权,那就是控制从我们开始思考到生命结束期间头脑中释放出来的每一个想法。

下面是影响一个人一生最深刻、最重要的事实!造物主意欲把给予每个人对自己思想的完全控制作为一种无价的资产,这是合乎逻辑的,其正是因为思想是一个人规划自己的生活并按照自己所选择的方式生活的唯一手段。

诗人亨利在写下这句话的时候,一定明白了这个伟大的真理:"我是命运的主人,我是灵魂的主宰。"的确,只要我们能掌管自己的思想,并通过控制自己的心态来引导它们达到确定的目标,我们就可以成为命运的主宰者。

心态可以是消极的,也可以是积极的

只有积极的心态才能让我们从日常生活的事务中得到回报。我们来看看它是什么,以及如何得到它,并把它应用在我们为自己所渴望的事物和环境而做出的奋斗中。

积极的心态有许多方面和无数的组合,它应用于我们生活中的每一种情况并产生影响。

首先,积极的心态是一种确定的目标,使每一次无论是愉快的还是不愉快的经历都产生某种形式的好处,这将帮助我们平衡我们的生活与所有的事情,带来心灵的宁静。

这是一种习惯,即在我们经历每一次挫折、失败或不幸时,都要寻找"同等利益的种子",并使种子发芽,成为有益的东西。只有积极的心态才能从经验教训中认出同等利益的种子并从中受益,或者同等利益的种子来自经历的所有不愉快的事情。

积极的心态是一种习惯,使头脑忙于思考所渴望的环境和事物,不去想那些不想要的东西。在大多数人的一生中,他们的心态被恐惧、焦虑和对环境的担忧所支配,而这些迟早会出现。奇怪的是,这些人经常把因消极心态带给自己的不幸归咎于他人。

头脑有一种确定的方式,可以用适当的物质等价物来表达自己的思想。从贫穷的角度思考,你就会生活在贫困中。从富裕的角度考虑，你就会吸引财富。依照永恒的和谐吸引法则，一个人的思想总是穿着与其本性相适应的物质外衣。

积极的心态是一种习惯，把一个人遇到的所有不愉快的情况视为一个机会，通过寻找"同等利益的种子"并使其发挥作用来测试自己是否有能力超越它们。

积极的心态是一种习惯，它会评估所有的问题，并区分出哪些问题是自己能够掌控的，哪些是自己无法控制的。具有积极心态的人努力去解决他能控制的问题，即便涉及的是那些不能控制的问题，他的心态也不会从积极变为消极。

积极的心态是有明确目标的行为习惯，充分相信目标的正确性和实现该目标的可能性。

它是一种习惯，即超越自己的职责范围，提供比自己有义务提供的服务更多、更好的服务，并以一种友好、愉快的方式进行服务。

它是一种习惯，即选择一个明确的目标，无论受到赞扬还是谴责都毫不犹豫地朝着实现目标前进。

它是一种习惯，即在别人身上寻找好的品质，并期望发现好的品质，同时准备辨认出不好的品质而不被震惊到产生消极的心态。

它是一种习惯，通过服从于头脑的检验和意志力的训练来掌控所有情绪。

它是一种习惯，让人勇于面对影响其生活的所有愉快或者不愉快的现实，当不愉快的突发事件发生时保持冷静。

它是对无限智慧的全能能力的认可，以及认识到它可以通过信仰的媒介被运用和引导，以达到明确的目的。

积极的心态是戒酒者协会帮助无数男女戒酒的主要方法，也是戒除烟瘾的依据。

它是无论出于什么目的的所有形式的"思想调节"的方法，包括根除所有类型的恐惧。

所有的习惯，无论是好的还是坏的，是自愿的还是非自愿的，都是由一个人的心态决定的。它是一种方法，通过它，人们可以把不愉快的习惯和环境转变成某种形式的利益。

积极的心态是唯一的手段，通过这种手段，在没有任何人的帮助或阻碍的情况下，人们可以行使固有的权利来完全掌控自己的思想。它是在各行各业中把绊脚石转化为进步的垫脚石的方法。

心态通过心灵感应的媒介，在没有语言、手势或动作的情况下，由一个人展现给另一个人。因此，它具有感染力。

吃东西时，积极心态会有助于消化，而消极心态会影响消化功能的正常运作。

演讲者的精神状态往往决定了他如何诠释演说内容，甚至比他使用的语言更有效。同样，作家在写作时的精神状态会透过字里行间传达给读者。

通过对心态的适当调整和控制，人们可以使自己适应任何不愉快的情况而不会变得沮丧,哪怕面对的是亲人突然死亡的打击。

心态是人生路上的一扇双向大门,一个方向走向成功,另一个方向通往失败。不幸的是,大多数人把大门转错了方向。

在治疗身体疾病时,病人对医生是最好的帮助还是最大的阻碍取决于其心态是积极的还是消极的。

从这些已知事实的陈述中,我们很容易就能理解为什么心态就是一切,因为它影响着我们的每一次经历,而且它始终在我们的完全控制之下。

认识到一件能给予我们成功或带给我们失败的事情,能祝福我们内心宁静,或诅咒我们每一天都遭遇痛苦的事情,这是一个多么深刻的想法。仅仅是通过心态,我们就能主宰思想并引导它们走向我们选择的任何目的。

如何控制心态

控制心态的出发点是动机和欲望。任何人做任何事都是有动机的,动机越强,越容易控制心态。

心态可以受到许多因素的影响和控制,例如:

(1)基于激发人类一切努力的九个基本动机中的一个或多个的一种强烈愿望来达成一个明确的目标(见第7章九个基本动机列表)。

(2)在八位指导大师的帮助下,通过调节思想自动选择和执行明确的积极目标,或者一些类似的技巧,使思想可以在人睡着和清醒时都能忙于积极的目标(见第4章八位指导大师性质的描述)。

(3)与积极主动的人密切联系,不受思想消极的人影响。

(4)通过自动暗示,一直给予思想积极的指示,直到它只吸引这些指示所要求的东西。

(5)通过采纳和使用,深刻了解控制和指导自己思想的个人专属特权。

（6）借助机器，人睡觉时的潜意识被给予明确的证实（第4章简要介绍了这种机器）。

我们伟大的美国生活方式，我们无与伦比的自由企业制度，以及我们引以为傲的个人自由，无非是人们有组织地、有针对性地满足特定需求的心态。

美国生活方式中最突出的一个特点是我们为保护个人控制其心态的自由而建立的法律和政府机制。

正是这种对心态的控制的自由，造就了我们伟大的领袖，他们塑造了我们的生活方式和伟大的自由企业制度。重要的是，只有那些以积极心态行动的人才能成为领导者。

托马斯·A.爱迪生凭借积极的心态经受了一万多次失败，最终发明了白炽灯，从而开启了伟大的电气时代，为我们带来了巨大的财富。

亨利·福特的积极心态使他能在早期建造第一辆汽车的奋斗中坚持下去，成为他建立不朽工业帝国最大和最重要的资产，使他比克劳斯更富有，并直接和间接地为大约超过一千万人提供了就业机会。

安德鲁·卡内基的积极心态使他摆脱了贫困和寂寂无名的状态，成为他在建立一个孕育了钢铁时代的钢铁工业中的主要资产，而这个工业现在是我们经济体系中最重要的一环。

圣雄甘地的积极心态（他称之为"非暴力，不合作"）超越了统治印度多年的英国军队的强大实力。正是甘地这种积极的心态，使他的两亿多同胞组成了一个掌控思想联盟，为他的"非暴力，不合作"提供了强大的力量，不费一枪一弹，没失一兵一卒，把印度从英国的控制中解放了出来。

宏伟的金门吊桥的建造者的积极心态，给我们带来了世界上最长的单跨大桥，尽管事实上他的第一次尝试表明完成这项工程是不可能的。

我们认识到，无论在生活的任何层次、任何行业或职业中的领导才能和巨大成就，都是建立在积极心态之上的。

积极的心态是希望、愿望和信念的总和,加在一起并转化为信仰!信仰是通向无限智慧的大门,只有那些保持积极心态的人才能使用它。

关于积极心态最深刻的事实是,每个人都有权采纳、使用它,并将其用于各种目的,它是无法用金钱买到的无价之宝。

这个深奥的真理可以丰富你的思想,让你克服在余生通往幸福过程中可能遇到的障碍,这一秘密在随后的章节中揭示。

以开放的心态阅读,你会得到某种形式的财富回报,足以给你一个平衡的生活、免于恐惧的自由,以及持久平和的心灵。后面的章节将为你介绍当今最伟大的人。当你看到这个人的名字时,在那一页做标记,然后签名,因为你会发现,我们在这个星球上这段短暂时间内的目的的一个新意义,那就叫人生。

在接下来的章节中,我们给出了调整心态以消除对牙科或外科手术的恐惧的详细说明。这一章的心态是一种预习,它将使你准备好接受和使用这些指导,以消除手术或其他任何你可能遇到的不良状况带来的不愉快。

第2章

穿越生命奇迹之谷

不久前,我翻开伟大的时间之书,找到记录自己生命中令人印象深刻的插曲那几页,上面标记着:"我所放弃的事情是生活中有害或无用的"。我发现了一个财富金矿,将通过这本书来揭示这一点。

为什么要等这么久才发现之前被我忽视的那些惊人的财富?在描述这个发现的性质时,答案就很明显了。在发现这一点之前,我必须在精神上成熟起来,必须经历从青年到成年以获得足够的智慧,才能用不会被错误习惯所欺骗的"内在"之眼认出并正确地诠释这些巨大的财富。

慢慢地把时间之书翻到这页惊人的记录时,我震惊地发现,当人们将每一件事、每一个已知的情况、每一个错误、每一次失败和每一次心痛都以一种和谐的精神与自己联系起来,并洞察它们的本质和目的时,它们可能会变得非常有益。

通过分析所有我过去认为当时不愉快和有害的境遇，我惊喜地意识到，这些事情中的每一件都带来了许多我现在所拥有的具有永久价值的最好的东西。

在研究这本伟大的时间之书的过程中，我发现了一种以前未知的方法，通过这种方法，人类过去所有的失败、错误和挫折都可以转化为人类已知的最丰富的幸福。正是这个发现让我别无选择，只能为那些仍然在黑暗中摸索通往内心平和之路的人写下这本书，就像我在近四十年时间里盲目地寻找它一样。

在翻遍那堆我害怕的和我丢弃的无用的想法及事物之前，我相信只有研究那些成功的人才能揭示取得成功的秘密。

我受安德鲁·卡内基的委托，向这个世界奉献世界上的第一个实用成功哲学，而且通过卡内基先生，近距离接触到他那个时代500多位顶级的成功人士，我自然而然地期待这些取得巨大成就的人的经验是值得考虑的有用知识的最好来源，因为这能让我们在这个竞争激烈的世界中试图找到自己位置。

现在我已经放弃了这个错误的结论,因为我发现,人类取得成功的永恒法则对穷人和谦卑的人,就像对富人和高傲的人一样适用。

在这个"奇迹"的帮助下,威斯康星州阿特金森堡附近一个小农场的主人米洛·C.琼斯,在两次中风之后,成为百万富翁;他发现在同一个农场,以前所获得的成功只是相当艰难地度日。

我的许多学生成功地解决了"难处理"的个人问题,并在"奇迹"的帮助下找到了内心的宁静,这些学生为数众多,几乎分布于各行各业中。因此,在40多年的研究中,书中例证的真实有效性已经得到了充分的验证。

弗兰克·克莱恩博士是芝加哥一个小教堂的牧师,他靠此勉强谋生。成为我的学生后,他发现了这个"奇迹",萌生了在联合报纸专栏上布道的想法,这给他带来了每年75,000美元以上的收入。

第2章 穿越生命奇迹之谷

这一切与驾驭恐惧、身体上的疼痛、悲伤悔恨，以及一个人一生中可能遇到的各种各样的挫折有什么关系？这个帮助人们变得富有的原则，如何使人将身体疼痛从牙医的钻头或外科医生的手术刀中分离出来？

要有耐心，以开放的心态仔细阅读，在"奇迹"向你展现之前，你就会知道这些问题以及你脑海中可能出现的所有其他问题的答案。

如果你不耐烦地要求在这本书的第一章中就揭示这个"奇迹"，不妨听一听我小时候发生的一件事，这件事给我留下了深刻的印象。

爷爷拿了一些玉米到鸡舍，撒在地上，然后小心地用稻草盖上。当被问到为什么要这么麻烦时，他答道："这样做有两个好处。第一，用稻草盖住玉米，鸡就得刨来刨去才能找到它，这样它们锻炼了身体，保持了健康；第二，让它们有机会发现自己是多么聪明，在寻找它们认为我试图藏起来不让它们发现的玉米的这个过程中获得快乐。"

现在我们分析一些小的"奇迹",必须理解并正确地评价这些"奇迹",才能揭示改变命运的主要"奇迹"的本质。也许所有这些"奇迹"中最容易被误解的是下一章所描述的奇迹,因为它揭示了一个人为了所渴望的生活状态,必须成功替换掉他不想要的生活境遇所开始的地方。

第3章

生命的第一个奇迹
变革中的成长法则

永恒的变化被选为人生奇迹之首,并不是因为它是这里所描述的奇迹中最重要的一个,而是因为它是绝大多数人最强烈反对的一个。不理解它也不能适应它是所有个体失败和挫折的主要原因。

20世纪上半叶,我们生活方式的改变揭示了自然界的许多秘密,比整个文明史所揭示的还要多。其中包括汽车、电话、收音机、电视、有声图画、飞机、雷达和无线电报的发明,所有这些都是在人类不断变化的思维过程中产生的。

变革是人类进步的工具,对国家事务的作用多于对个人生活的作用。而忽视通过变革继续前进的企业或行业注定要失败。

变革法则是自然界不可抗拒的法则之一,没有它,就没有文明这样的现实。如果没有这个变革法则,人类仍然还在起点,与地球上所有其他动物和生物一样，都被一种本能的模式所束缚和限制，超出了这种模式，将永远无法上升。

通过变革法则（俗称进化），人类慢慢地离开了动物家族的起点——在那里所有生物的命运都由本能的生命模式决定，并进化到越来越高的智力水平，直到现在人类比自己所创造的3万多位神灵更伟大。从漫长而曲折的上升旅程开始，人类就创造并崇拜着神。

人类的整个历史，所有形式的生命记录，都是一种明显的不断变化的模式。没有一个生物在连续两分钟内是相同的，这种改变是如此的不可阻挡，以至于人类整个身体每七个月就要经历一次彻底的改变，更换身体所有的细胞。

变革法则是造物主的一种设计，通过这种设计，将人类从其余的动物家庭中分离出来；通过这种设计，生命的永恒真理、人类的习惯和思维不断地把自己改造成一种更好的人际关系系统，从而导致人类之间有更好的理解与和谐；通过这种设计，人们必须用它来驾驭对身体疼痛产生恐惧的这种固有习惯。

通过变革法则，不符合宇宙整体格局和目的的人类的习惯被战争、流行疾病、干旱和其他不可抗拒的自然力量周期性地打破，这些力量迫使人们摆脱自己的愚蠢行为，并再一次重新开始。同一个变化法则将所有国家的人民置于宇宙总体规划的基准线内，而这对那些未能理解和适应自然规律的个人同样适用。

"服从总体规划，否则灭亡"，是大自然的警告！

人的恐惧和失败，人际关系中的打击和失望，都是为了使人摆脱他如此不懈坚持的习惯，这样他就可以接受、拥抱和受益于更好的成长习惯。

教育的全部目的，至少应该是这样的，是让人的思想从内在成长和发展开始；思维过程中不断的变化，使思想进化和发展，以致最终了解自己的潜能，从而有能力解决自己的个人问题。

这一理论与大自然计划相一致的证据可以从这样一个事实中找到：在任何时代，受过更好教育的人都是那些从伟大的磨难"大学"毕业的人，他们的经历迫使他们发展和运用自己的心智力量。

变革法则是所有教育中最伟大的源泉之一！了解了这个事实，你将不再反对那些让你对自己和整个世界有更广泛理解的改变。你将不再抗拒大自然打破你已经形成的一些习惯，这些习惯没有给你带来心灵的宁静或物质的富有。

造物主极力不赞成人类的这些个性：骄傲自满、自鸣得意、拖延、恐惧和自我设限。所有这些特征都让那些沉溺其中的人付出了惨痛的代价。

通过变革法则，人类被迫继续成长。每当一个国家、商业机构或个人停止改变，陷入墨守成规的日常习惯中，就会有某种神秘力量介入并摧毁陈规，打破旧习惯，为新的、更好的习惯奠定基础。

在每一件事和每一个人身上，成长的法则都是通过永恒的变化来实现的！

个性的灵活性（个人适应所有影响其生活的环境的能力）是具有吸引力的个性的主要因素之一。它也是通过变化来适应伟大的成长法则的方法。

福特汽车公司从一个只有一间房的简陋砖厂起家，发展成为世界上最大的工业帝国之一，直接或间接地为数十万人提供了就业机会。

创始人亨利·福特，尽管他在工业管理方面有天赋，但至少有两次几乎破产，就是因为他这个灵活应变的能力（改变的能力）没有跟上他所处的时代。他死后，他的后辈接管了企业。与企业的创始人相比，他的后辈只是一个年轻人，但具有极大的灵活性，并愿意通过变革来遵循成长法则。几年后，这位年轻人把福特工业帝国变成了一个远超过他祖父毕生成就的机构。

在劳资关系、工业管理、汽车设计和造型方面，年轻的亨利·福特证明了自己是一个勇于变革而不是与变革抗争的人,并通过这种智慧的运用,一夜之间成为一个工业奇才。

人类的灵魂从各个方面都在呼喊,实际上是在说:"醒来,了解自己,在旧习惯束缚你成为奴隶之前扔掉它们,强迫自己通过一个新的化身再次尝试生活。"如果你希望在这一生完成这项责任,必须使自己适应这个伟大的变革法则并继续成长。

人类的灵魂用警告的语言呼喊着:每一件事、每一种与你的生活息息相关的情况,无论是愉快的还是不愉快的,都是你生活磨坊的果实。接受它,把它磨成你选择的生活模式,让它为你服务,而不是通过恐惧和担心折磨你。

一个在弗吉尼亚西南部山区出生和成长的古老家族相对比较贫穷。铁路终于来了,富饶的煤田也投入了运营。这个家庭以惊人的价格卖掉了他们的山地,搬进城里,建造了一个现代化的新家。房子建好了,有3个卫生间,配备了所有现代化的便利设施。

妻子拒绝给承包商付款，因为她声称还没有完工。

"什么？"承包商问道，"缺了什么？"

"你很清楚缺了什么，"妻子回答，"这里没有户外厕所。"

"哦，"惊讶的承包商解释说，"你搬到城里后，再用户外厕所就老土了。已经有3间漂亮的浴室，你可以在那里非常舒适地做所有必要的身体护理。"

"我这辈子，"妻子大声说，"就一直很喜欢在户外厕所里读西尔斯和罗巴克的商品目录，我可不想在这个年纪就放弃这种乐趣。建个户外厕所，否则你别想拿到钱。"

户外厕所建好了！妻子检查时争辩说："不行！这个座位上只有一个洞，我们一直都是有两个洞的。"

于是，承包商又开了一个洞，安装了热水和冷水管道，还装了一部电话，这样这位富有的老太太就能去参加社交活动，在户外厕所阅读西尔斯和罗巴克的商品目录。

第3章 生命的第一个奇迹：变革中的成长法则

自满和旧习战胜了变革和进步。

当收银机首次推出时，制造商很难让商人安装它们，销售人员也为之头疼不已。店员们不赞成这种新设备，认为这表明他们不诚实，而商人们则抗议说，机器的成本加上操作所需的时间，会严重侵蚀他们的利润。

但变革法则是坚持不懈和必然发生的！当今，没有一个经营零售业务的头脑清醒的商人，敢尝试不用收银机去处理现金收据。

当美国国会强制运行联邦储备银行系统时，银行家们普遍发出了强烈抗议。这个系统意味着彻底的变革，而银行家们和其他人一样，反对任何打破他们既定经营方式的变革。事实证明，美联储银行体系是银行业有史以来最大的保障。如今，如果有人建议废除该系统，银行家们可能会发出同样强烈的反对改革的呼声。

造物主为人类提供了一种，也是唯一方法的这个事实最重要的意义是，通过这种方法，人类可以脱离动物界，升华入自己的精神领地，在那里，人类有可能成为自己命运的主人。这个方法就是变革法则。通过改变自己的心态这一简单的过程，人们可以为自己画出他所选择的任何一种生活模式，并让这种生活方式成为现实。这是唯一一件让人拥有不可撤销、没有异议且不可挑战的绝对控制权的事情——这一事实表明，造物主一定认为这是人类最重要的特权。

独裁者和想要成为这个世界的征服者的人来了又去。他们总是离开，是因为奴役人类并不是整个宇宙计划的一部分。每个人都应该获得自由，以自己喜欢的方式过自己想要的生活，驾驭自己的思想和行为，决定自己的命运，这才是永恒模式的一部分。

这就是为什么哲学家通过回顾过去来决定未来会发生什么，不会因为希特勒一度沐浴在自我的光辉中，能够威胁人类的自由而感到兴奋。因为这些人，就像他们之前的所有同类一样，会因自己的放纵、虚荣和对自由世界的权力欲望而毁灭自己。此外，那些想要扼杀人类自由的人可能只是高手，他们在不知不觉中充当着突击队的角色，将人类从自满中唤醒，为将带来新的更好的生活方式的变革让路。

只要人类合作，大自然就会以和平的方式带领人类经历一个又一个的变化，但如果人类反抗，无视或拒绝遵守变革法则，大自然就会采用革命性的方法，这些方法可能包括亲人的死亡或重病，可能带来生意上的失败或失业，迫使个人改变职业，在一个全新的领域寻找工作，而在那里他会发现有更大的机会，如果没有打破旧习惯，他永远都不会知道。

大自然在每一个逊色于人类的生物身上强制执行固有习惯法则，就像在人类的习惯中明确地执行变革法则一样。大自然就如这般提供了人类按照其在宇宙总体规划中的固定位置成长和进化的唯一方法。

托马斯·A. 爱迪生在一所分级学校只上了三个月，老师就把他送回家，给他父母写了一张便条，说他没有接受教育的能力,这是他经历的第一次重大不幸。他再也没有回到学校(这里是指传统的学校),但他开始在伟大的磨难大学里训练自己,他在那里受到的教育使他成为有史以来最伟大的发明家之一。从那所大学毕业之前,他在一份又一份的工作中被解雇,而命运之手引导他通过了使他成为伟大发明家的那些基本的改变。正规的学校教育可能会毁掉他成为伟人的机会。

当逆境、肉体上的疼痛、悲伤、痛苦、失败和暂时的挫折压倒一个人时,大自然知道自己在说什么。记住了这一点,下次你遇到逆境时就要从中受益。不要大叫着反抗,或是害怕得发抖,而要高昂着头,向四面八方去寻找每一个逆境所带来的同等利益的种子。

我从未被生活中的革命性变化所吓倒,不管这些变化是自愿的,还是无法控制的令人不快的环境强加于我的,因为我至少能控制自己对这些状况的反应。我不是通过抱怨,而是通过寻找每一次经历所带来的同等利益的种子来行使这个特权。

你正在读的这本书差不多是持续了40多年的作品,在我的生活方式中,我常常不得不做出巨大的改变。许多变化是被迫的,也有一些是自愿的,但所有这些变化加起来,最终揭示了心灵宁静和物质丰裕的秘密。

当安德鲁·卡内基委托我开始研究为世界上第一个个人成就实用哲学的筹备工作做准备时,我对这项工作的认知太少了,说实话我都不知道"哲学"的意思,直到查了字典。

从零开始,说的就是我!为了成功完成卡内基先生交给我的任务,我必须做的不仅仅是改变,这实际上是一项彻底的重建工作!也许过程很幸运,因为我从自己的个人奋斗中获得的知识最终引导我揭示了这一至高无上的"奇迹",这也是写这本书的核心目的。

重建工作包括从自我养成的失败的习惯，转变为自我培养的成功的习惯，这最终给了我一种平衡的生活，包括为了我选择的生活方式所想要或需要的一切。

在为我的人生工作做准备时，我必须做出的其他改变包括：

（1）改正因缺乏自信而低估自己的习惯。

（2）使自己摆脱屈服于七种基本恐惧的习惯，包括对不够健康和身体疼痛的恐惧。

（3）强制自己摆脱把自己束缚在贫困中的习惯。

（4）打破忽视掌握自己思想并指引它去实现所有愿望的习惯。

（5）以谦逊的感激之心，纠正自己没有得到承认和免于匮乏的习惯。

（6）改变播种之前就想要收获的习惯（把需要和获得的权利混为一谈）。

（7）纠正自己错误的信念，即懂得只有诚实和真诚对待目标才会带来成功。

（8）改变教育只能通过高等教育媒介来实现的错误观念。

（9）改正忽视按实际的预算和时间的使用来安排生活的习惯。

（10）纠正没有把大部分时间都投入到追求人生中明确的主要目标上的习惯。

（11）改变没有耐心的习惯。

（12）改掉不检视自己所有的无形财富并对它们表达感激之情的习惯。

（13）改正努力积累更多的物质财富超过了自己合理所需的习惯。

（14）纠正相信接受比给予更有利的习惯。

（15）最后同样重要的是，纠正忽视通过运用至高无上的奇迹认可无限智慧的源头、关联方式以及利用它达到任何所渴望的目的的习惯。

这些并不代表我在思想和行为习惯上必须做出

改变的全部列表，但它们是比较重要的部分。你从中可以明显地看出，变革法则在我的生活中起着重要的作用。同样，如果不做出这些改变，我就会剥夺自己给予这个世界一个可行的个人成功哲学的特权，正是这一特权给我带来了比个人在人生层面上所需要的更多的认可。

在如此坦诚地呈现我生活中的这些隐私情况时，我希望你能认识到，我正准备让你接受这样一个事实：你也需要改变一些习惯，然后才能享受一种完整的、平衡的生活，使之符合你自己的生活模式和风格。

你需要在多大程度上改变现在的习惯，完全是你必须决定的事情，但如果你想获得一个平衡的生活，包括内心的宁静，那么这个清单必须包括对七种基本恐惧的掌握。

七种基本恐惧如下：

（1）对贫穷的恐惧。

（2）对批评的恐惧。

（3）对不够健康和身体疼痛的恐惧。

（4）对失去爱的恐惧。

（5）对失去自由的恐惧。

（6）对年老的恐惧。

（7）对死亡的恐惧。

在接下来的章节中，你将被引导来掌控这七种以及所有其他的恐惧，通过应用新的思维习惯，你必须发展和使用这些习惯来取代那些使这些恐惧成为可能的旧习惯。为了让生活更完善，你可能需要做出其他的改变，但无论怎样都不会改变这样一个事实：掌握这七个基本的恐惧是你重建计划中一件"必须做的事"。

请记住，这些纠正性指示不会给你带来任何艰难困苦，也不会让你采取超出你控制能力的行动。它们有一个附加的代价，但这是所有普通人都能承受的代价。

正是因为我们的日常习惯，我们才会有今天的自己！

我们的习惯是在我们个人的控制之下的，它们随时都可能被仅仅是改变它们的意愿所改变。这种特权是个人可以完全控制的唯一特权。习惯由我们的思想形成，而我们的思想是造物主赋予我们完全控制权的一件事。伴随着这一权利的还有行使它的丰厚回报，以及未能行使它的严重惩罚。

第4章

生命的第二个奇迹
看不见的指导

4

看不见的指导，从我们出生到死亡，一直在为我们服务，只有那些认可它们并接受它们服务的人才能证明它们的存在。

尽管大多数人在生活中并没有意识到它们的存在，那些看不见的不可思议的力量在我们醒着的时候陪伴着我们，在我们睡着的时候守护着我们。

我这么颇费笔墨的目的不是为了证明那些帮助人类的看不见的指导的存在，而是为了引起我同路人的注意，他们愿意接受在寻求一种生活方式时能找到的任何援助来源，这种生活方式能满足人们的需要，并能带来心灵安宁。

如果不是因为从那些看不见的友好的指导那里得到的帮助，我永远都不可能向这个世界奉上成功科学，而这门科学现在正帮助千百万人认识到并切实利用他们内在的力量源泉。

我看不见的指导中有八位已经被识别并命名，每一位都有一个与之提供的服务性质相适应的名字。书中详细地描述了它们，但你应该记住，这八位指导大师是我自己想象的产物，它们可能会被任何选择参与它们的人复制。

我对待我的八位指导大师，就好像它们是真正的人一样，在我的指挥下全部服务贯穿终生。就像对真正的人一样，我给它们指令，感谢它们的服务，而它们对我的要求的反应就好像它们是真人一样。

下面是对八位指导大师的描述，以及对它们各自所做服务的阐释。

八位指导大师

1. 财务丰裕大师

这个看不见的指导的唯一责任是让我获得足够想要或需要的一切物质，以维持我所采纳的生活方式。金钱的烦恼破坏了许多人一生的心灵平静，这是我从未经历过的事情。需要钱的时候,我总是能得到可能需要的任意金额,但如果我不付出同等价值的回报——通常是为他人的利益提供某种形式的服务——我既不可能期望钱,也不可能得到钱。

2. 健全的身体健康大师

这个看不见的指导的唯一责任就是让我的身体在任何时候都保持完美的状态,包括训练身体以适应任何不得不做出的调整,比如为牙科做准备。在这位大师接管之前,我经常头痛、便秘,有时还会精疲力竭。现在这些症状都得到了纠正。这位健全的身体健康大师让我所有的重要器官时刻保持警觉和运转,让我身体的数十亿个单细胞充满抵抗力,并对抵御所有传染性疾病提供足够的免疫力。

然而,请记住,我通过合理的生活习惯与健全的身体健康大师合作,如适当的饮食、适当的睡眠以及用等量娱乐来平衡工作的习惯。尤其是我总是让自己的思想充满积极、建设性的思考,决不允许它陷入任何形式的恐惧、迷信或忧郁中。最后,随着每一口食物和每一滴液体进入我的嘴里,我都添加了大量的健康。通过这一步骤,我用完美地保持健康向我看不见的指导——健全的身体健康大师表达感谢。

在我的一生中,在我所有的活动和经历中,我都享受着一种平和的安宁,尤其要把在一种快乐安详的氛围中吃饭当作一件重要的事情。我家里没有固定的就餐时间,假使有这样的时间,就像在许多家庭一样,也会是在吃饭那个时候。

人在吃饭时所表达的每一个想法都会变成能量的一部分,伴随食物进入血液,那个想法用自己的方式到达大脑,大脑根据想法是积极的还是消极的来祝福或诅咒一个人。这一事实的证据可以在母亲哺乳孩子时找到。如果一位母亲在哺乳期间因为任何原因变得焦虑或消极,她的精神状态就会影响母乳的质量,令孩子消化不良或腹部绞痛。当然,医生都知道,大多数胃溃疡主要是由于担心和消极的想法而引起的。

很明显，健全的身体健康大师必须有相当多的智能合作，来维持身体有效和正常地运行，这是人们为了健康必须付出的代价。

3. 内心宁静大师

这个看不见的指导的唯一责任是使思想免受诸如恐惧、迷信、嫉妒、仇恨和贪婪的干扰。内心宁静大师的工作与健全的身体健康大师的工作密切相关。通过这个看不见的指导，人们可以切断对过去所有不愉快情形的回忆以及对未来不愉快经历的设想，如外科或牙科手术。

内心宁静大师让人的思想完全被自己选择的主题所占据，以至于没有空间留给那些消极的自发的杂念。对于这些，思想之门是紧闭的！这个看不见的指导在人们的四周筑起一道防护墙，把一切可能导致任何性质的担心、恐惧或焦虑的事情都挡在外面，只有那些与他人的义务有关的情况除外，而这些都是很容易管理的。

总有一些人际关系可能令人暂时不快,人们必须认识和处理这些关系,例如商业、职业、工作管理的细节,或家庭预算;总有一些不愉快的突发情况我们必须经历,比如朋友或亲人的死亡。对于所有这些,内心宁静大师帮助个人在不失去心理平衡的情况下与自己友好相处。

4. 希望大师

像双胞胎一样合力工作

5. 信念大师

这对看不见的指导的唯一责任是在任何情况下,始终向我敞开通往无限智慧的大门。这对双胞胎使我的生活工作不致受到不必要的限制,帮助我安排计划,使之符合自然法则和公民的权利。甚至在我开始实施计划之前,它们就已经让我看到这个计划在现实中的完整过程;让我放弃执行一些计划或目的——这些最终可能对我或其他人造成伤害。

希望和信念大师使我与通过我运行的精神力量保持着不断的联系,它们引导我朝着有利于与我接触的每一个人的目标前进，无论是面对面的还是通过我的文字作品。这就是为什么我的读者在计划制订和实际生活中如此普遍成功的原因。

希望大师和信念大师使我充满热情，足以保证我不会拖延。它们使我的想象力保持警觉，积极地计划我毕生致力于的工作。它们帮助我从自己做的每件事中找到快乐和幸福。它们帮助我解读世间的邪恶，不接受邪恶，也不被邪恶伤害。它们帮助我与所有人同行，既有圣人又有罪人，并且我仍然是自己命运的主人，我自己灵魂的主宰！它们令我保持自我警惕和活跃，却仍怀有谦虚和感激。最后，它们帮助我在这个人类关系正在经历快速变化的世界里，驾驭混乱和困惑的浪潮，而不放弃或忽视自己不可剥夺的特权，即控制和引导我的思想走向我可能选择的任何目的。

以希望和信念作为我永恒的向导，当遇到生活中的阻力和不愉快的经历时，我也能将它们转化为积极的力量，这些力量帮助我实现了我的目标。在这对大师的指导下,我生命中的每一件事都变成了机会。

6. 爱的大师

7. 浪漫大师　　像双胞胎一样合力工作

这些看不见的指导的唯一责任就是让我身心保持年轻,它们的工作做得如此之好,以至于我每过一个生日都会从我的年龄中减去一岁!快乐的结果就是,当我感觉、思考、工作和玩耍时,就好像年轻了二十岁一样。

爱的大师和浪漫大师使我的工作成为一种快乐,而不是沮丧和疲劳,它们激发我的想象力,轻易地创造出我想要完成的所有事情的成果。

这些看不见的指导帮助我重新过上了爱和憧憬的生活,它们使我回忆起过去的经历。这些经历有助于把我介绍给我的"另一个自我",那个拥抱美、避免生活不快的自我。

爱和浪漫帮助我把过去的悲伤、挫折和失败转换成智慧,它们使我的灵魂得到了其他任何方式都无法达到的升华。它们帮助我认识到我世俗命运的目标,并为我提供了克服我必须克服的障碍以实现我的命运的方法。它们使我生命中的每一天都能得到快乐的回报,这一补偿远远多过我每一天所需要的奋斗。

爱和浪漫使我能够灵活地适应所有影响我生活的环境,无论是愉快的还是不愉快的,这样我就不会丧失掌控和引导我的思想走向我选择的任何目的的特权。

它们为我提供了一种敏锐的人性,使我在所有的人际关系中都能很好地调整自己。它们还帮助我吸引那些我需要的人和环境,使我在生活中的每一天都心存感激。

爱和浪漫帮助我认识到,每一次不幸、每一次挫折、每一次失败和每一次失望都会产生同等的益处。

爱和浪漫是我优雅地用青春换取智慧的唯一途径,我用这些智慧在生活的事务上写下自己的价值标签,让生活按我自己的方式得到回报。它们制止我想要太多,也阻止我要得太少。

爱与浪漫是我灵魂所在上层空间的室内设计师!它们让我感激我所拥有的一切,使我不因我所没有的而悲伤。我应该在没有回报的地方沉浸于爱,浪漫就会帮助我从沉浸本身的喜悦中找到补偿,并认识到爱会提高那些表达它的人的利益,即使可能还没得到回报。

爱和浪漫帮助我表达对他人的同情,如果没有这些指导,我可能会表达仇恨,而这对大师会迅速治愈他人对我的伤害和不公所造成的创伤。

8. 综合智慧大师

这位大师的职责包括多种服务。首先,综合智慧大师激发了其他七位大师的永恒行动,以使它们尽可能充分地履行自己的职责,并在我沉睡的时候保护我,就像在我醒着的时候一样。

这个看不见的指导还有另一种非常神奇的服务,它将我过去经历的所有挫折、失败和不愉快的经历转化成对我有益的东西,使过去影响我生活的一切都转化为具有巨大价值的资产。

在人生的十字路口,当我不知道该何去何从时,综合智慧大师会给我指引,发出与我所有的目标、计划和目的有着密切联系的前进或停止的信号。

还有其他看不见的指导为我服务,我不知道它们的名字。我也不完全理解它们所提供服务的全部范畴和性质,但我知道,无论我需要什么来继续我一生的工作,或无论我想要什么,它们都能给我带来持续的内心平静,总是听命于我,我既不费力也不焦急。

这些神秘的指导第一次引起我的注意是在许多年前,当我偏离了人生的主要使命(创建和传播成功科学)时,它们用彻底的失败来阻断了我的计划。随着我毕生的事业获得公众的认可,我时不时地得到了将我的才能和经验商业化的绝佳机会。洛克菲勒家族的公共关系顾问、已故的艾薇·李给了我一个这样的机会。虽然交易从未完成,但我确实接受了这个提议，而仅仅是接受这个提议就让我失去了我创办的《黄金法则》杂志，这本杂志是我哲学思想的副产品。

一次又一次地遭遇失败，每当我想放弃或无视人生的主要使命时，我开始注意到，只要我一回到开始执行我的使命的轨道上，失败的影响会立即消失。这种事发生得太频繁了，以至于不能简单地解释为巧合。

按照我的个人经验，我知道每个认可并接受它们服务的人都有友好的指导。为了借助这些看不见的指导的服务，有两件事是必需的：第一，必须对它们的服务表示感谢；第二，必须一丝不苟地严格按照它们的指导去做。忽视这些方面一定会带来灾难，虽然这灾难不总是立即发生。也许这可以解释为什么有些人会遭遇灾难，却不能理解灾难的原因，他们不相信灾难是由他们自己的错误造成的。

多年来，我对那些我曾感受到的看不见的指导非常敏感，所以我小心翼翼地避免在我的著作和公开演讲中提及它们。有一天，在与著名科学家、发明家埃尔默·R.盖茨的一次谈话中，我得知他不仅发现了看不见的指导的存在，而且与它们结成了一个工作联盟，这使他能够比伟大的发明家托马斯·A.爱迪生创造更多的发明，获得更多的专利，那时我欣喜若狂。

从那天起，我开始询问与我合作创建成功科学的数百位成功人士，发现他们每一个人都接受了来自未知来源的指导，尽管他们中的许多人不愿承认这一发现。我对处于个人成就上层的人士的观察是，他们更愿意把自己的成功归功于个人优势。

托马斯·A.爱迪生、亨利·福特、路德·伯班克、安德鲁·卡内基、埃尔默·R.盖茨和亚历山大·格雷厄姆·贝尔博士对看不见的指导的经历进行了详尽的描述，尽管其中一些人并没有将这些看不见的援助来源称为"指导"。尤其是贝尔博士，他相信这种看不见的援助来源只不过是一种与无限智慧的直接联系，是个人通过对实现明确目标的强烈渴望刺激自己的思想而产生的。

在看不见的力量的指引下，玛丽·居里夫人被引导去揭开镭的秘密和镭供应源，尽管事先她并不知道从哪里开始寻找镭，也不知道如果找到了它会是什么样子。

托马斯·A. 爱迪生对无形力量的性质和来源有一种有趣的看法，他在发明领域的研究工作中如此自如地使用了这种力量。他相信，所有人在任何时候释放的一切思想都会被接收并成为以太的一部分，在那里它们永远存在，就像人们将它们放飞一样；任何人都可以通过明确和清晰的目标来训练思想，将频率调整到与那些先前释放的想法联系起来，从而接触到任何与那个目标相关的思想的期望类型。例如，爱迪生先生发现，当他把自己的思想集中在一个他希望很完美的想法上时，他可以与这个想法相关的无限以太思想的巨大宝库"对频"并从中获得灵感,而这些思想是由同一路线上的其他人在之前释放的。

爱迪生先生提醒人们注意水顺流而下这样一个事实:水通过河流和小溪,为人类提供各种各样的服务,最终又回到它的出发地大海,在那里成为水主体的一部分,在那里被净化,并准备开始下一次的旅程。水的这种数量既不减少也不增加的来来去去,与思想能量有着明显的相似性。

爱迪生先生相信我们用来思考的能量是无限智慧的投射;人类的大脑将这种智慧具化为无数的观点和概念,当想法被释放到它们的出发地——这个能量来源的巨大宝库,就像水回到大海一样,在那里被归档和分类,以便所有相关的想法排列在一起。

爱迪生先生明确地反对一些人的看法,这些人主张那些看不见的指导是曾经生活在地球上的已过世的人。我完全同意爱迪生先生的看法,因为我从未发现丝毫的证据表明已过世的人曾经与活着的人有过交流。为了公平地对待那些持相反观点的人,我坦率地承认这只是我个人的看法;这个观点不是通过证据得出的,而是因为缺乏证据。

回顾历史和文明的篇章,我们不禁总是对这样一个事实印象深刻:当人们感到某种要摧毁文明成就的巨大威胁一步步逼近时,一个有内在智慧的领袖总是会出现,为人们提供文明社会生存和延续的方法。

我们有证据表明,堪当大任的领导总是出现在重大危机的时刻,当英国人在1776年威胁殖民地人民的自由时,乔治·华盛顿和他那支食不果腹、衣不蔽体、未经训练和武装不足的士兵组成的小军队出现了。

我们有进一步的证据表明,当这个国家在南北战争中被内部冲突分裂时,亚伯拉罕·林肯以伟大领袖的名义出现了。

在第一次和第二次世界大战中,我们有了更多的证据证明这一点。当时我们被迫与野蛮人作战,他们控制了科学的力量,全力以赴要在世界各地破坏人权和个人自由。

在所有这些情况下,总有一些看不见的力量和环境出现,它们帮助正义战胜了邪恶。

每个人生来就有一群看不见的指导,足以满足自己的所有需求,不承认和不使用这些指导会带来明确的惩罚,承认并使用它们则会带来确定的奖励。总的来说,奖励包括必要的智慧,以确保个人成功地完成他的人生使命,无论是什么,并为他指明通往最宝贵财富的道路——内心的宁静。

在这本书中,我通过许多短语和例证描述了人类所有成功的最高秘密。那些发现这个秘密的人将获得一种方法,来识别这些看不见的指导并引入它们的服务,这些指导现在可能处于休眠状态,等待识别和服务的召唤。

这些指导的存在,以及为个体利益积极服务的证据,将会通过改善和受益被认可,这些改善和受益将从指导获得认可并得到明确指示的那一天起就开

第4章 生命的第二个奇迹：看不见的指导

始显现出来。

神奇又不切实际，有人会这样惊叹吗？

不，"奇迹"是个更好的词，因为据我所知，还没有人解释这些看不见的指导的来源，也没有人解释它们是如何或为什么被派来指导每个活着的人生活的。但在成功科学的学习者中，有成千上万的人知道这些指导的存在，因为他们也学会了获得这个指引的方法（最高秘密）。

看不见的指导被封装在每个人都拥有的"另一个自我"之中；照镜子时看不见的那个自我；永不认可"不可能"这个词、也不受任何限制的那个自我；可以掌控所有肉体痛苦、所有悲伤、打击和一时失败的那个自我。

在阅读这本书的过程中，你的"另一个自我"可能会从字里行间跳出来，如果你还没有这样做的话，可以从字里行间认出它来。当这一刻到来时，翻到这一页，并把它标记下来，以备将来参考，因为你的人生将迎来一个深刻的转折点。

在这些言论中，我并没有试图证明什么！我只是努力向读者介绍"另一个自我"，一旦被认可，它将提供给每个人都想要的所有证据。这只是另一种表达方式，我试图引导读者"向内看"，独立思考，去寻找生命之谜的答案！

如何在睡觉时给你的"另一个自我"指示

人在睡眠时，治疗身体疾病、控制自卑情结、为任何渴望的目的调整思想的时间就到了。此外，掌握任何想学的语言、获得任何学科的教育在睡眠中也将成为可能。

这些看似不可思议的成就将通过一种特制的留声机来实现，这种留声机将在人睡着时每隔15分钟回放一次，录音会对任何主题事先做好科学的处理，以达到任何想要的目的。这台机器已经完善，可以设置一个时钟，在人睡着后开始播放唱片。

这种治疗之所以在人睡觉时进行,是因为当人醒着的时候,大脑的意识部分就守卫在通往潜意识的门口,并彻底地改变或拒绝你可能努力给予潜意识的所有影响和指令。而有意识的头脑是一种有着巨大力量的愤世嫉俗者。与积极的影响相比,它似乎更容易受到恐惧、猜忌和怀疑的影响。因此,想要给潜意识任何指令,最好是在有意识的头脑睡觉和下班的时候。

"另一个自我"只能通过潜意识才能达到,而这个人人都拥有的不可抗拒的独立存在物是一些神秘的力量,与我们看不见的指导有关并存在于同一层级。

这种睡眠治疗系统特别适用于帮助儿童在睡眠过程中培养良好的性格特点和消除不良习惯,并且可以在儿童不知情的情况下使用。

所有牙科或外科手术的准备事项,必须遵从当地医生或牙医的建议并在其监督下进行。

第5章

生命的第三个奇迹
痛苦的通用语言

身体疼痛是大自然母亲对地球上每一个生物所表达的通用语言，它被所有人理解和尊重。我从来没有见过一个正常人不害怕身体上的疼痛，也从来没有见过一个人不试着用尽一切可能的办法来避免身体上的疼痛。然而，痛苦是大自然最聪明的手段之一，因为这是迫使各种智力水平的人遵守自我保护法则的手段。

当身体疼痛时，人会应对并努力消除病因。如果疼痛以头疼的形式出现，聪明人通常会去查找原因，并通过不完全排除法发现它源于中毒。一剂嗅盐或灌肠能立即缓解疼痛。

不太聪明的人如果头痛，可能会吞下几片阿司匹林，并说："这下应该解决问题了。"这样做通常都能通过暂时麻痹神经来缓解病痛，但不能根除病因。而此时神经正承受着来自大脑的原始神经源疼痛的警告呼叫声，我们可以并且应该对原始神经源进行治疗。

当大自然温和的痛苦无法让人听从召唤并探究原因时，大自然通常会通过疾病这种幸运法术让他健康受损并卧床休息，同时给他一个彻底的身体修复任务。越是聪明的人越不会把疾病说成是一种不幸，而把它看作一种祝福，大自然母亲赐予他的一种仁慈的慷慨，通过这种慷慨，他获得的是新生，而不是葬礼。

疼痛和身体上的疾病只有在被那些没有认识到它们是造福人类的工具的人认为是诅咒时才是诅咒，没有它们，没有人能活过常规的七十岁。

当大自然令人住院治疗时，无论是在医院里还是在自己家的床上，它使人停止活动，这样就可以利用个人所有的能量进行自我恢复。此外，大自然给了其一个非常需要的休息时间来发现自己思想的力量和用途，进行冥想以及思考生病的原因。这样，此人可能发现，病因是源于自己以前所做的各种各样的罪恶，如果之前能够听到那些痛苦的声音，本可以避免这些罪恶。

身体疾病绝对是一种祝福，因此，那些寄慰问卡给生病的朋友的人应该寄贺卡来表示祝贺，内容应该如下：

恭喜你有一段幸运的休息时间，有最伟大的医生（时间医生）的陪伴，它知道你需要什么，并确保你收获它。

尝试用这种积极的态度对待身体疾病，观察你的心态对消除病因有多奏效，然后你会认识到身体的痛苦和疾病是祝福，没有它们，人类将无法长久生存。

伴随着痛苦的通用语言，大自然巧妙地提供了忍受痛苦的手段，当耐力达到极限时以无意识的形式提供了一个停止间隙。当疼痛超过人类的承受力时，人们就会进入无意识的睡眠状态。

疼痛有两种形式：一种是身体的；另一种是精神

的，只存在于头脑中。大多数身体上的疼痛都被人的心理反应夸大了。例如拔牙，大约10%的疼痛是身体上的，90%是精神上的。当病人坐在牙医的椅子上之前，拔牙的大部分痛苦就以恐惧的形式出现了。现代牙科技术什么都有，就是没有消除牙科手术的实际身体疼痛，而现代心理学，如后一章所示，已经消除了牙科带来的精神痛苦。

对那些通过自律寻求心灵平静的人来说，掌控身体疼痛是最大的挑战之一。它提供了一个绝佳的机会，让人完全控制自己的思想，这是人必须做的一件事，以使生活按照他自己的想法得到回报。通过遵循下一章的方案，控制自己的胃，成为控制食欲的主宰者，掌握对身体疼痛的恐惧将不再困难。

美国的印第安人一直不害怕身体上的疼痛。在白人到来之前，印第安人受伤时，他们会继续四处走动，照常从事日常劳动，好像什么也没有发生过。现在，许多外科医生从印第安人那里得到启示，建议做过某些类型手术的病人在手术后很快恢复日常生活。外科医生认识到,印第安人也可能认识到,当人依赖大自然并学会如何聪明地与它合作时,大自然会在治疗方面做得非常出色。

在南方的山区,有些妇女生完孩子第二天就做家务,甚至到田里劳动。她们对分娩的担心并不比许多妇女对头痛或感冒的担心更多,她们知道不用害怕身体疼痛!

战争时期,士兵在战役中严重受伤后仍继续战斗的情况并不罕见,通常直到战斗结束后才意识到疼痛。在战役的压力下,士兵的思想完全集中在手头的工作上,这种情绪超越了对身体疼痛的恐惧。因此,在情绪放缓到正常之前,他们不会感到疼痛。

从上述已知事实的陈述中我们可以看出,很明显,大自然为我们提供了一种奇妙的机制,使我们能够克服生理或心理上的痛苦,掌控各种形式的恐惧,克服各种性质的悲伤和挫折。在描述人们如何为拔牙做好心理准备的一章中,清楚地阐述了实现这一过程的精确方法。

在40多年成功科学的创建和教学中,我有幸接触到几乎所有已知的人类问题和所有类型的人类。我从这些直接接触中学到的一个深刻教训就是,那些真正伟大的人在成为所选工作领域的领导者时,就已经掌控了对身体和精神痛苦的恐惧。相反,我观察到,那些失败和一事无成的人都是害怕身心痛苦的受害者,这种害怕常常达到迷信的地步。

这一事实表明,掌握对身心痛苦的恐惧与个人在事业中取得成功之间存在着直接且微妙的关系。其意义在于:对身心痛苦的掌握强烈地表明,人已经完全掌控了自己的思想,这是唯一一件造物主赋予人类绝对控制权的事情。

在研究成功和失败原因的过程中,我举办了许多课程,这些课程几乎囊括了每一个生活领域。我所认识的最杰出的人物之一是一位寡妇,她在华盛顿特区上过我的课。在第一次世界大战中她失去了丈夫。不久之后,她生病了,不得不接受一次大手术。第一次手术没有成功,随后又做了两次手术。为了治病她只能卖掉她那简陋的房子。因此,当她最后一次手术后离开医院时,已经没有地方住了。她有两个儿子,都结婚了,但那两个儿媳都不允许她住在自己的家里,哪怕是暂时的。她有一个哥哥和一个姐姐,在她康复期间,他们谁也不愿意照顾她。

最后,她以前参加过的教会的牧师帮了她一把,找到一个邻居,给了她一个临时的家。我正是在那个时候第一次遇见了这个了不起的女人,我被召唤来希望能帮助她自立。当然,这是一个慈善案例,我不打算收费,但当我告诉那个女人我希望她成为我的学生而不收取任何学费时,我得到了生命中的惊喜。我认为她对我提议的答复堪称经典,值得在此引述。

"你真是太好了,"她说,"但我坚信,天下没有不劳而获的事情。

"你是一个专业的人,靠教别人如何正确地生活来谋生。因此,我将进入你的班级,接受你的指导,但我很明白能这样做是基于延期付款的安排。

"我的确遭受了身心的痛苦,但我没有停止战斗,也没有在这种艰难的环境中倒下。我现在没有经济能力,但我有思想上的所有能力,我打算用这些能力,就像上帝希望我应该做的那样,使自己摆脱匮乏和各种恐惧。

"我失去了丈夫,但其他成千上万的女人也一样,我也不比她们强。

"当我最需要帮助的时候,我的孩子和我的哥哥姐姐拒绝了我,但他们的拒绝给他们带来的伤害远远多过对我的伤害,因为这剥夺了他们对一个无助的人施以仁慈的机会,却仍然给我留下了一条路,让我可以通过自己的思想重新获得独立。

"我为我所遭受的苦难感到遗憾,但它给了我精神上的毅力,使我将来能够获得自由。"

"而且，"她接着说，"我对我的家人拒绝救助我没有任何恨意，因为他们的忽视给了我一个极好的机会，使我能够遵守上帝让我们原谅伤害我们的人的告诫：宽恕我们、赦免我们的罪，如同我们宽恕那些侵害我们的人。

"在我经历的逆境中，我找到了同等利益的种子。它存在于我所发现的我自己的思想力量里，以及把那种力量变成悲伤和痛苦的主人的方法里。

"但我从厄运中得到的最大好处在于，我发现，无论是身体上的痛苦还是精神上的痛苦，都使人处于向耶和华求助的有利处境。

"在我丈夫死去之前，我属于教堂！

"在遭遇逆境而不屈服于逆境之后，我成了一名基督徒，我现在信仰我的宗教，而不是仅仅因为相信而接受它。

"真的，在我最痛苦的时刻，我发现了自己不可战胜的灵魂！因此，你一定能明白，我为什么对我的亲人没有怨恨，因为他们对我的忽视比其他任何事情都重要，使我认识到了我自己思想的力量。

"我不为自己感到难过，但为我的亲人感到非常难过，因为他们还没有准备好接受一个极好的机会，通过对一个有权向他们寻求帮助的人施以仁慈，来发现自己的伟大思想。"

这位女士上了我的课，掌握了成功科学，后来被美国总统任命为政府中女性曾经担任过的最高职位之一。后来，她开始组织政府的女员工上课，课上她教她们如何发现自己的思想，用成功科学哲学作为教学的基础，这代表了所有已知的自我决定的基础。

是的，这需要三个以上的重大运作：失去丈夫、失去经济手段，以及在需要时亲属拒绝帮助她，迫使这个勇敢的女人通过精神和身体上的灾难及痛苦找到了通往一切力量源泉的路。

她发现"同等利益的种子"来自她的痛苦，仅仅是因为她用积极的心态对待它！她发现了将消极情况转化为积极利益的办法，一种特权，这是每一个人的权利。

苦难，通过身体或精神上的痛苦、失望、挫折和悲伤表现出来，是一个人在永久的失败中变得伟大或堕落的手段。在这两种情况中，决定一个人接受哪种情况完全取决于这个人的心态。对一个人来说，它们可能成为绊脚石。而对于另一个人，比如你读过的故事中的寡妇，它们会成为通往更高层次生活的踏脚石，从中你可以成为你所有考察的一切的主人。

在我致力于研究人类行为的40多年时间里，我无数次地观察到，由于身体或精神上的痛苦，人们才发现了自己的精神境界。

我所认识的最伟大的女人，我的继母，在她晚年的大部分时间里忍受着几乎无法忍受的关节炎的痛苦，然而，她推动了一项事业，这项事业已经使数百万人受益，而且注定将惠及无数人，其中一些人尚未出生。她负责我早期的训练，这最终使我得以受安德鲁·卡内基的委托,向世界提供了第一个个人成就实用哲学。

如果我的继母没有被困在轮椅上,没有人会怀疑她的身体一直疼痛。她的声音总是那么令人愉悦,谈话时总是怀着积极情绪。她从不抱怨,总是对我们所有住在她身边的人说些鼓励的话。我敢肯定,任何认识她的人,以及了解她在多大程度上控制了身体疼痛的人,都会为自己害怕任何形式的牙科或外科手术而感到羞愧难当。我继母对待身体疼痛的心态是使她成为一个真正伟大的人的主要因素之一。所有认识她的人都爱她,甚至有些人因为她强大的自律而嫉妒她。

因此,我们再一次看到,人对身体疼痛的心态是决定因素,它或者使疼痛成为主宰,或者仅仅是把某种东西转化成一些有益的服务形式。我的继母没有去想自己身体上的疼痛,也没有去抱怨它,而是把心思放在帮助别人,特别是我们家人上。这样,她的痛苦的影响就降到了最低。这对那些让自己的思想停留在烦恼上的人来说可能是一个有益的建议。

如果那些认为问题没有解决办法的人确信解决这些问题的最佳方法是到处看看,直到找到另一个有类似或更大问题的人,并帮助对方找到问题的解决方案,那也可能是有帮助的。通过这种方式,消极的思想从自己身上转移出来,转变成一种指向他人利益的积极的思想;当另一个人的问题得以解决时,毋庸置疑,他也会找到自己问题的解决办法。

积极的心态实际上是一种不可抗拒的力量,可以让人直接达到任何目的,当然包括控制精神痛苦和身体痛苦。请允许我再次提醒你,积极的心态也是人生十二大财富中的第一个。

接下来的一章清楚地描述了保持积极心态的方法。掌握这个方法,学会运用它,你将不再害怕身体或精神上的痛苦。事实上,你将不再害怕任何事情。你将不再被与你的职业或生活的任何部分有关的自己强加的限制束缚在平庸的水平上。你将不再需要任何人的帮助,而是将处于一个向许多人提供帮助的位置。

大多数人终其一生都把自己投入牢笼,尽管他们在不知道自己拥有钥匙的情况下却把钥匙带进了牢笼。这个牢笼存在于他们在头脑中自我强加的限制中,或允许他人为自己设置的限制中。钥匙存在于造物主赋予每个人的力量中,让他们完全掌控自己的思想,并引导他们去解决所有问题,实现所有想要的目标。

那些行使这一不可剥夺的特权、充分掌握自己思想的人,从不畏惧任何事情,从不限制自己去实现所期望的目标,他们能轻而易举地把代表个人成功的一切都吸引到自己身上。

记住,无论那只恐惧的小嘴乌鸦盘旋在哪里,总有一些沉睡的东西需要被唤醒,或者一些死去的东西需要被掩埋。生活中最奇怪的反常现象之一是,个人成功的主要原因不是正规的教育或聪明的头脑,而是没有恐惧。

无论以何种形式出现的恐惧,不仅是人们召唤来的失败的主要绊脚石,也是大多数祷告只带来负面结果的主要原因。与恐惧相对的是信仰,而信仰是一个人想要的一切的主宰,是一个人实现所渴望的一切的手段。

唯一能使人摆脱对身体疾病恐惧的事情,是让他认识到自己有一个没有限制的头脑,除了他自己强加给它的那些。

不久前,给我安假牙的牙医告诉另一个病人是如何在没有疼痛和不适的情况下拔掉了所有牙齿的。那个病人是个牧师,但他对此表示怀疑。我不知道他究竟是个怎样的牧师。大多数神职人员都知道,当心灵受到信仰的激励时,它的力量是无限的。所有的医生都知道,在大多数情况下,恐惧对病人的伤害比身体疾病更大。

我猜想医生会欢迎这本书的到来,它教人们如何为牙科或外科手术调整心态,这样病人就不会害怕。这本书将受到欢迎,因为它会减轻医生的负担,他们的病人遵循它提出的建议,也会减轻恐惧带来的痛苦。

虽然身体疼痛是大自然与所有生物对话的通用语言,但这种语言也提供了一种巧妙的装置,以确保人们能够接受疼痛的指引而不陷入其中。当身体的疼痛超过了人们所能承受的程度时,大自然会让他陷入沉睡,这再次证明了大自然在所有事情上都保持平衡,在没有提供治疗手段的情况下,决不允许一个人遭受任何形式的伤害或不适。

有了这个大自然的方法的重要知识作为开端,医生们实际上已经发明出一种称为"无痛分娩法"的半麻醉系统,这个系统通过温和的无疼痛皮下注射或暗示疗法(部分催眠)将产妇变为半昏迷状态,消除了产妇对分娩时疼痛的恐惧。

运用催眠把意识暂时搁置一旁,医生就可以通过潜意识指示病人。这种治疗方式下,潜意识可以得到任何指示，帮助个人克服身体疼痛或改善任何可能给自己带来痛苦的精神状况，当然包括所有形式的恐惧。

催眠是大自然的另一种聪明的保护措施，它保护人们免受精神和身体上的痛苦，同时也为实现任何理想目标，例如以富裕和经济繁荣取代贫穷，提供了一种将人们的思想调节到良好状态的手段。

无论是否认识到这个事实，所有人每时每刻都一直在使用自我暗示（自我催眠），而这个事实的可悲部分是，大多数人都以一种消极的方式无意识地运用这个强大的方法，给自己带来贫穷、不健康、不快乐、恐惧和几乎任何可以想象到的自我强加的限制。这种自我暗示的消极作用发生在人们允许自己被恐惧和担忧所困扰的时候，而这些恐惧和担忧使人们的思想停留在他们不想要的环境和事物上。

关于自我暗示的积极运用，即将注意力集中在人们想要的环境和事物上，后面的章节会有更详细的描述。达到这一目的的方法很简单,而且总是在人的直接控制下。

当两个或两个以上的人为了达到一个明确的目的而完美和谐地工作时,比如夫妻在做房事时,自我暗示的效果常常近乎奇迹。

阅读这些章节的过程中,有一些重要的力量可供你使用并使你受益,我希望你完全熟悉它们。其中一些是:

1. 自我暗示:通过将人的欲望情感化并重复这个简单的过程,人们可以为了任何想要的目标向潜意识发出指令的方法。

2. 转变:将一种形式、物质或思想转变为另一种形式、物质或思想的行为,如将思想从恐惧、不幸和贫穷的想法转变为富裕、幸福和成功的想法。当一个人开始在所有不愉快的环境中寻找"同等利益的种子",并将他的思想引导到该种子的发展上,而不是让思想对产生该种子的环境耿耿于怀时,一种强大的转化形式可能会发生。

3. 主宰思想：两个或两个以上的思想在完全和谐的状态下为达到一定目的而结成的联盟。最深刻的主宰思想联盟可能存在于一个男人和他的妻子之间。

4. 自我催眠：催眠是自然界提供的一种聪明手段，人们可以用它来调整自己的思想以达到任何想要的目的。它是一种方法，借助它，个人可以掌管自己的思想，并将其导向消极或积极的目的。控制思想的特权是造物主给予人类控制的唯一专属特权，而自我暗示或自我催眠，是根据人们采纳和使用的方式，将这种特权变为诅咒或祝福的手段。

自我催眠是我调节千百万人的思想以实现他们财务丰裕和心灵宁静的主要技巧之一。

5. 潜意识：思想的潜意识部分，或者说通向无限智慧的通道，由起到第六感作用的那部分大脑负责。这个通道可通过后面章节中提供的方法打开，并且可以不受限制地用于任何想要的目的。所有的祷告都必须在这个通道进行。而且，一直要牢记这个重要的事实：正是通过这个通道（有时是不小心打开的），其他人释放的消极思想可能进入人的头脑，导致失败、担心、打击，以及精神和身体上的疾病。

通过潜意识运作的第六感，既是思想振动的广播电台，又是思想振动的接收装置，个人的职责是保护自己不受他人消极思想的影响（尽管接收装置在不断吸收），并且通过避免从这个广播电台发出任何负面的想法来保护他人。

为了提升自己的福祉和保护他人，唯一安全的计划是让头脑忙于传播积极的思想，而没有时间发出消极的思想，因为这就像白天过去是黑夜一样真实，人们发出的任何思想都会带来更多的回报，要么是祝福，要么是诅咒。

一位伟大的哲学家简洁地陈述了这个深刻的真理："无论你对别人做过什么，或为别人做过什么，通过你发出去的思想，这些都会反射到你自己身上。"

因此，保护自己不受他人释放的消极思想影响的最好方法就是让这个广播电台忙于发出积极的思想，没有时间去接收消极的思想。这个方法是无懈可击的，是实用的，并且由个人控制。

他人释放的消极思想可以通过第六感进入自己的头脑，但这些消极思想可以立即转化为积极的思想，并通过自我暗示，引导人们去实现自己想要的环境和事情。这是人类所知的最有益的思想转变形式，个人可以通过它完全掌管自己的思想。

不要回避术语"自我暗示"和"自我催眠"，因为你可能不理解它们。简单的事实是，无论你是否认识到这些原则，你都在一直使用它们。因此，与其盲目地使用它们达到破坏性的目的，不如接受它们，有意识地使用它们以达到理想的目的。

这一原则使如此多的人遭受失败和打击，当这一原则得到理解和目的明确的应用时，它也有胜利和成功的可能性。

第6章

生命的第四个奇迹
奋斗中成长

6

奋斗极其必要，它是一种聪明的手段。通过这种手段，大自然迫使个人通过反抗获得拓展、发展、进步，并变得强大。奋斗可以而且确实可以成为一种磨难或一种辉煌的经历，通过这种经历，个人会对有机会赢得自己为之奋斗的事业表示感谢。

生命，从出生到死亡，实际上是一个日益增加的各种奋斗的完整记录，没有人可以避免。

征服无知需要奋斗。教育是永恒的奋斗，每一天都是开学日，因为教育是累积的。这是一项终生的工作。

物质财富的积累需要奋斗。奋斗如此之多，以至于事实上许多人为了获得更多的远超过他们实际需要的财富，在生命的早期就因为焦虑和过度的努力而毁掉了。

保持身体健康需要与健康的各种对手进行永恒

的奋斗：为食物和住房而奋斗；为谋生的机会而奋斗；为保住工作而奋斗；为在职场获得认可而奋斗；为使企业免于破产而奋斗。

无论朝哪个方向看，我们都会发现，在日常生活中，几乎没有一种情况不需要我们为了生存而奋斗。

我们不得不认识到这种普遍存在的奋斗的必要性，必须有一个明确而有用的目的。这一目的是强迫个人提高智力，激发热情，建立信仰精神，获得明确目标，增强意志力，激发想象力，把旧的想法和概念赋予新的用途，从而完成自诞生起就存在的一些未知的使命。

奋斗使人不会带着自满或懒惰入睡，它迫使人不断进步，以完成他的人生使命，并以此对人类的普遍目标作出个人贡献。

力量，无论是身体上的还是精神上的，都是奋斗的产物！

"做，"爱默生说，"你就会有力量。"

"面对斗争并征服它,"大自然说,"你就会有足够的力量和智慧满足你所有的需求。"

"如果你希望有强壮的手臂,"大自然说,"有计划有步骤地使用三磅重的锤子,很快你就会拥有像钢带一样的肌肉。""如果你不希望有强壮的胳膊,"大自然说,"把它绑在一根吊带上,停止使用它,去除奋斗的理由,它的力量就会枯萎消亡。"

在每一种生命形式中,衰退和死亡都来自懒散!大自然唯一不能容忍的就是懒散。通过必要的奋斗和变革法则,大自然使宇宙万物都处于一种不断变化的状态。从物质的电子、质子到"漂浮"在太空中的太阳和行星,没有什么可以静止一秒钟。大自然的座右铭就是:不动则亡!没有半途而废,没有妥协,没有任何理由的例外。

大自然意欲每个人要么继续奋斗,要么灭亡。如果你怀疑这一点,观察一下那些发家致富然后"退休"的人发生了什么——因为他不再相信这是必要的,所以放弃了奋斗。

最强壮的树不是那些受到高度保护的森林里的树，而是那些生长在开阔空间里的树，在那里它们不断地与风雨和各种恶劣天气作斗争。

我祖父是一个马车制造者。在为种植庄稼而清理土地时，他总是在开阔的田野里留几棵橡树，它们因暴露在阳光下而变得坚韧。后来，他将这些木材切割，用作车轮所需的材料，这种木材可以弯曲成弧形，在制作过程中不会断裂。他发现受森林保护的树木不能生产他所需要的那种木材，它们太软，太脆，因为它们没有必要去奋斗。这也是为什么有些人是"脆弱"的，没有准备好应对生活阻力的原因。

大多数人在每一个他们可以做出选择的情况下，都是以最小阻力的方式度过一生。他们没有认识到，沿着阻力最小的那条路线走会使所有的河流弯曲，使一些人误入歧途！

在大多数形式的奋斗中，可能会有一些痛苦，但大自然会用来自实践经验的能力、力量和智慧来补偿个人的痛苦。

在创建成功科学哲学的过程中，我发现，所有更成功的领导者无论从事什么行业或职业，他们在取得领导地位的过程中所付出的努力与所取得的成就几乎成正比。

我饶有兴趣地注意到，在石器时代和我们今日文明之间的过渡时期，凡是没有经过奋斗的彻底考验的人，似乎从未被选为危急时刻的领导人。

从洞穴时代到现在，仔细研究文明本身的全部记录，你会清楚地看到，这是永恒奋斗的产物。是的，奋斗绝对是造物主的一种手段，它迫使人们对变革法则作出反应，以便实施宇宙的总体计划。

当任何人甘心接受政府的恩赐，而不是通过个人努力获得自己所需时，他就会走向衰败和精神上的盲目。当任何一个国家的大多数人民放弃他们通过奋斗取得的继承下来的特权时，历史清楚地表明，整个

第6章 生命的第四个奇迹：奋斗中成长

国家正处于衰败的混乱中，必然以灭亡告终。

一个人不仅愿意依靠公共财政生活，而且要求从公共财政中获得食物，他在精神上就已经死了。身体仍然在行走，但只是一个空壳，对未来的唯一希望就是葬礼。当然，这仅仅是指那些身体健全而放弃努力的人，因为他们太冷漠或太懒惰，不愿意通过变革法则和奋斗的欲望继续成长。

20多年来，在创建世界上第一个实用成功哲学的过程中，我被迫努力解决工作中附带的问题。首先，我不得不努力为自己准备必要的知识来形成哲学。其次，我不得不努力在经济上维持下去，同时又要为创建这个哲学做必要的研究。然后我遇到了更大的奋斗目标——赢得世界对自己和这个哲学的认可。

20年的奋斗没有任何直接的经济补偿，这是一次经历，不是旨在给人持久的希望，但这是我为这一哲学付出的代价，这种哲学注定要造福无数的人，其中许多人在我开始工作的时候还没有出生。

令人沮丧吗？令人心碎吗？一点儿也不，因为从一开始我就认识到，在我的努力下，胜利和成功与我在工作中投入的劳动成正比。在这一希望中，我从没有失望过，但世界以慷慨的方式回应我，并对我在工作中长期的努力表示敬意，这使我深受感动。

同时，我从奋斗中获得了更伟大、更深远的价值。这是一种认识，通过奋斗，我已经深入到灵魂的精神源泉，在那里，我找到了我所想要的能达到每一个目的的力量，一种我从来不知道自己拥有的力量，除非通过奋斗，否则我永远也不会发现的力量！

通过奋斗，我发现并学会了如何运用前一章中描述的神奇的八位指导大师，那些看不见的朋友管理着我的身体、财务和精神的需求，在我睡着和醒着的时候为我工作。

而且，正是奋斗向我揭示了伟大的宇宙习惯力法则（这个法则是所有习惯的定制者，所有自然法则的主宰者）。最终，正是这条法则引领我来到了我已经准备好给予世界我的奋斗经历所带来的好处的地方。

从我的奋斗经历中，我发现造物主挑选一个人为人类做重要的贡献，会先根据他提供的服务的性质，通过奋斗来考验他。因此，通过奋斗，我学会了解释造物主的法则、目的和工作计划，因为它们与我和全人类都息息相关。

还有什么比奋斗有更多的好处呢？

还有谁能从其他任何事业中获得更多的回报？

简单地说，我们只回顾了人生中的四个奇迹，但这些绝不是我们在穿越大自然奇境之谷时要查看的那些更重要的奇迹。

然而，在旅途中，我们已经见证了足够多的事情，它们使我们相信，所有触及或影响我们生活的情况都是有益的，无论是我们能够完全控制的情况，还是那些除了控制心理反应以外我们束手无策的情况。

让我们继续旅程，接下来的章节将拓展思想，直到我们认识到，我们可能认为不愉快的情况也许是造物主关于地球上人类密度的整体计划的一部分。这一章的主要目的是要拓宽思想，使之能够涵盖并预见除了直接关系到个人事务之外的那些无法更改的重要事实。

没有对整个画面和人生目标的全景式视野，就不可能有内心的宁静。我们必须认识到，没有仪式，未经同意，我们被抛入这个物质世界，就是为了超越我们个人的快乐和欲望。

一旦理解了人生的这一更广泛的目标，我们就与我们在通过这条道路时必须经历的奋斗经验相调和，并且把它们视为机遇，通过它们，我们可以为比现在所处的更高更好的生存层面做好准备。

第7章

生命的第五个奇迹
战胜贫穷

贫穷是一种消极心态的结果,事实上每个活着的人都经历过。它是七种基本恐惧中的第一种,也是最具灾难性的一种,但它只是一种心态,和其他六种恐惧一样,受个人控制。

大部分出生在贫困环境中的人认为,贫困是不可避免的,并在他们的一生中一直伴随着贫困,这一事实表明贫困在人们的生活中是一个多么强有力的因素。很可能贫穷是造物主用来区分弱者和强者的一种测试手段,因为一个显著的事实是,那些征服了贫穷的人不仅在物质上变得富有,而且在精神价值上也变得富有和智慧。

我注意到,凡是征服了贫穷的人都对自己能够把握阻碍他们进步的一切困难的能力抱有强烈的信心,而那些视贫穷为不可避免的人在许多其他方面也表现出软弱的迹象。在任何情况下,我所认识的人都不认为贫穷是不可避免的，他们也没有放弃行使那伟大的天赋，即掌管自己的思想力量（造物主希望所有人都应该这样做）。

在许多情况下，所有人在自己的一生中都会经历测试期，这些测试清楚地揭示了他们是否接受并使用了对自己思想力量的独家控制这一巨大天赋。我观察到，伴随着这个来自无限宇宙的伟大天赋，忽视接受和使用这个天赋会受到一定的惩罚，而认可和使用这个天赋则会受到一定的奖励。

使用它的一个更重要的回报是能够摆脱所有七种基本恐惧和所有较小的恐惧，而获得完全的自由，全权使用信念的魔力来取代这些恐惧。

拒绝接受和使用这个伟大的天赋的惩罚是各种各样的。除了这七种基本恐惧之外，还有许多其他的责任没有包含在恐惧之中。没有使用这个伟大天赋的一个主要惩罚是完全不可能获得心灵的宁静。

如果一个人以积极的心态去看待贫穷，而不是以错误的信念去相信它是不可避免的，或是以懒惰的态度认为它是不值得对抗的，那么贫穷就有许多优点。贫穷可能是造物主强迫人类为了生存提高智力，激发热情，发挥个人主动性，与反对他的力量决斗的其中一个手段。

贫穷也可能是造物主的一种手段，它有技巧地引导人类进入一种精神状态，在那里人类最终从内在发现自己。在一个像美利坚合众国这样的大国里，任何有能力的人都没有正当的理由接受贫穷并因贫穷而受到奴役。这里是一个个人自由的训练场，它为每个人提供了一切尽可能最好的机会来接受和使用这一权利的伟大天赋来形成自己的命运并实现它。回报如此巨大，以至于个人可以真正地"有自己的主见"。

命运眷顾那些出身贫寒的人的最好证据是这样一个公认的事实：出生于富裕家庭的人很少为世界做出任何有价值的贡献，使世界变得更加美好。许多大富豪家庭的孩子，从来没有受益于贫困或斗争这类生

第7章 生命的第五个奇迹：战胜贫穷

活调味品的影响，往往轻松地长大，对使自己有用缺乏必要的耐力或动机。

当幸运垂青拥有巨大财富的人时，它通常只选择那些通过有用的服务创造财富的人，而不是那些通过继承或损害他人的手段获得财富的人。幸运明确反对所有的不义之财，并且常常使它神秘地蒸发掉。

贫穷是诅咒还是祝福，完全取决于个人与贫穷的关系。如果以一种温顺的态度，把贫穷看作一种不可避免的障碍来接受，那么贫穷就是诅咒。如果贫穷被认为仅仅是对个人的一种挑战，促使个人去奋斗与掌握，那么它就变成了一种祝福，这实际上是人生的伟大奇迹之一。贫穷可能成为绊脚石，也可能成为踏脚石，人们能否达到自己所设定的任何成就的高度，完全取决于他对贫穷的态度以及反应。

贫穷和富有都存在于一种思想状态中！它们精确地遵循通过个人所表达的主导思想而创造和想象的模式。贫穷的思想吸引了与其相对应的物质。富有的思想同样吸引了与其相对应的物质。和谐吸引法则将所有的思想都转化为它们的同类物质对应物。这个伟大的真理解释了为什么大多数人一生都经历着不幸和贫困。他们让自己的思想害怕不幸和贫穷，他们的主导思想作用于这些情形。和谐吸引法则接管了他们，并带给他们所期望的。

当我还是个小男孩的时候，就听到了一次关于贫穷的非常激动人心的演说，给我留下了深刻的印象。尽管我出生在贫困之中，除了贫穷，我一无所知，但我确信那次讲话使我下定决心战胜贫困。我的继母嫁到我们家，接管了我所知道的最荒凉、最贫困的地方之一。下面这段话是她到来后不久所说的：

这个我们称之为家的地方是我们所有人的耻辱，也是孩子们的障碍。我们都是健全的人，当我们知道贫穷只是懒惰或冷漠的结果时，我们就没理由再接受贫穷。

如果我们停留在这里，接受现在的生活条件，我们的孩子长大后也会接受这种条件。我不喜欢贫穷，我从来没有接受过贫穷作为我的命运，现在我也不会接受它！

目前，我不知道为了摆脱贫困而奋斗，我们的第一步将是什么，但我知道，无论需要多长时间，无论我们必须作出多少牺牲，我们都将成功地实现这一突破。我希望我们的孩子能享有良好教育，但更重要的是，我希望他们能受到战胜贫困的雄心壮志的鼓舞。

贫穷是一种疾病，一旦被接受，就会变成一种难以摆脱的依赖。

出身贫寒并不可耻，但接受这种与生俱来的权利，把它看作是不可改变的，这无疑是可耻的。

我们生活在迄今为止富裕、伟大的国家文明中。在这里，机会向每一个有抱负去承认和接受它的人发出召唤，就这个家庭而言，如果机会不召唤我们，我们将创造自己的机会来摆脱这种生活。

贫穷就像渐次性麻痹！慢慢地，它摧毁了人们对自由的渴望，剥夺了人们享受更好生活的雄心，并破坏了个人的主动性。同时，它也使人的大脑接受无数的恐惧，包括对生病的恐惧、对批评的恐惧和对身体疼痛的恐惧。

我们的孩子太小了，还不知道把贫穷视为他们命运的危险，但我要使他们意识到这些危险，我也要使他们有富足的意识，期待富足，愿意承担富足的代价。

我是凭记忆引用的这段话，但实际上这是我继母在婚后不久当着我的面对我父亲说的话。她在讲说中提到的摆脱贫困的"第一步"，就是激励我父亲进入路易斯维尔牙科学院，成为一名牙医，并用她第一任丈夫去世后得到的人寿保险金支付他的学习费用。

用在我父亲身上投资获得的收入，她把她的3个孩子和我弟弟送进了大学，让他们每个人都走上了摆脱贫困的道路。

就我自己而言,她帮助我处于这样一个位置:已故的安德鲁·卡内基给了我一个其他作家从未曾有过的机会——允许我向500多名顶级成功人士学习,并与他们合作给予世界个人成就实用哲学的机会。这种哲学基于我的合作者从他们一生的经历中所获得的"诀窍"。

虽然据估计,我个人对后代的贡献使全球三分之二的数以百万计的人受益,但这一成就的功劳确实可追溯到我继母的那次历史性讲话,在讲话中她否定了贫困。

因此,我们看到,贫穷可以成为激励人们规划和实现长远目标的手段。我的继母并不害怕贫穷,但她不喜欢贫穷,拒绝接受贫穷。不知何故,造物主似乎偏爱那些确切知道自己想要什么和不想要什么的人。我的继母就是那种人。如果她接受了贫穷,或者她害怕贫穷,你们现在读到的这些文章就永远不会写出来了。

贫穷是一种伟大的经历,但在突破意愿达到自由和独立之前,它是一种需要经历和掌握的东西。从来没有经历过贫穷的人也许应该得到怜悯,但经历过贫穷并把它当作自己命运来接受的人更应该得到怜悯,因为这样他就注定了自己要永远受奴役。

在整个文明中,大多数真正伟大的男人和女人都知道贫穷,但他们经历了贫穷,放弃了贫穷,掌控了贫穷,获得了自由,否则他们永远不会变得伟大。从生活中接受任何他不想要的东西的人是不自由的。造物主已经为每个人提供了很大程度上决定自己命运的方法,包括从那些不想要的事情中解放自己的特权。

贫穷可以是一种深刻的祝福,也可能是一个终生的诅咒。决定因素在于一个人对它的思想态度。如果它被认为是对更大努力的挑战,那它就是一种祝福。如果它被认为是不可避免的障碍,那么它就是一个持久的诅咒。

记住,对贫穷的恐惧会带来一系列相关的恐惧,包括对身心痛苦的恐惧。

有一个故事讲的是一个人死后下了地狱。

撒旦问道:"你最害怕什么?"那人回答:"我什么也不怕。"

"那么,"撒旦答道,"你来错地方了。我们只接纳那些被恐惧奴役的客人。"

想想看!对于一个没有恐惧的人来说,连地狱里都没有他待的地方。

同样,贫穷也可以转化为富裕和显著的成功——我的继母通过帮助我们全家摆脱贫困和绝望,戏剧性地证明了这一点。她认识到,一个人如果能控制自己的思想并使之达到明确的目的,就不需要继续成为贫穷或任何他不想要的东西的受害者。

贫穷与富有之间的差别,单是用金钱或物质财富是无法衡量的。十二大财富中的十一个都不是物质的，但它们与人类可用的思想力量密切相关。为了更好地了解如何将贫穷转化为富有，这里简要地描述一下十二大财富。

人生的十二大财富

给自己评分：优、良、差

1. 积极的心态……_____

积极的心态排在十二大财富之首，因为所有的财富、物质或其他事物都是从一种精神状态开始的。这是唯一一件个人拥有完全的、不可剥夺的控制力的事情。一个人的心态提供了一种"牵引力"，这种力量将与所有的恐惧、欲望、怀疑和信仰等效的物质吸引给个人。心态也是一个人的祈祷会带来消极结果还是积极结果的决定因素。因此，积极的心态排在生活中所有巨大财富的首位，这几乎没有什么值得怀疑的。

2. 身体健康……

健康始于健康意识,再加上节制和适度饮食,以及体育活动的平衡。健康意识是从健康的角度考虑,而非从疾病的角度考虑的一种思想的产物。保持积极的心态是人类已知的预防疾病的最伟大的形式之一。它被认为是"伟大的",因为它处于人的控制之下,并且在任何时候都朝向想要的目的。

3. 和谐的人际关系……

和谐有两种形式,这两种形式(即与自己和谐,与他人和谐)都要求和谐被列为人生的十二大财富之一。一个人首要的责任是建立内在的和谐。这就要求我们战胜恐惧,保持积极的心态,并在生活中设立一个主要的目标,在这个目标的背后,我们可以建立对成功的持久信念。在自己的灵魂中保持平和,你就会毫无困难地以和谐的精神与他人建立联系。人际关系中的摩擦往往是由于个人内在的困惑、沮丧、恐惧和怀疑造成的,这些人往往引起他人的消极心态,从而使和谐成为不可能。

与他人的和谐始于与自己的和谐,因为它是现实的,正如莎士比亚所说,"对自己要真实,就像黑夜和白昼一样,对任何人都不能虚假。"遵守这一告诫的人都有很大的收获。

4. 免于恐惧的自由……

被恐惧奴役的人,既不富裕,也不自由。恐惧是不幸的预兆,是对造物主的无礼,造物主通过给予人类完全控制自己思想的能力,为人类提供了拒绝一切不需要的东西的手段。在给自己打分之前,一定要深入地探究你的灵魂,并确保七种基本恐惧中没有一种隐藏在你的内心。记住,当这七种基本的恐惧转化为信念时,你将到达你人生中的那个阶段,在那里你可以掌控自己的思想,通过这种掌控获得你生活中想要的一切,同时拒绝你不想要的一切。如果没有这种免于恐惧的自由,生活中的其他十一种财富可能就毫无用处了。

在接下来的一章中,你会发现如何克服对生病和身体疼痛的恐惧。运用这个方法,战胜这种恐惧,然后坚持用同样的方法克服其他六种基本的恐惧。

5. 未来成就的希望……_____

希望是所有思想状态中最伟大的先驱者!在紧急情况下希望会支撑着人们,没有它,恐惧就会接管。希望是幸福最深刻形式的基础,它来自对某些尚未实现的计划或目标的成功的期望。一个人如果不能满怀希望地展望未来,成为他想成为的人,或获得他想在生活中拥有的地位,或实现他过去未能实现的目标,那么他是不幸的。希望使人的灵魂保持警觉,为他的利益而活跃,并使人与无限智慧之间的联系畅通无阻。希望是一个恰切的高贵的人,也是其他十一种人生财富的神圣装饰者。

6. 信念的能力……_____

信念是人的意识与无限智慧的宇宙大宝库之间的交流方式。它是人类思想花园的沃土,在那里可以产生人生的一切财富。它是"永恒的灵丹妙药",赋予思想的冲动以及创造力和行动力。它是灵魂的命脉,没有限制。信仰是一种精神品质,当它与祈祷融合在一起时,就会使人直接、立即连接无限智慧。信念是一种力量,它能把普通的思想能量转化成精神力量,它是使无限智慧为人类所用的唯一手段。

7. 愿意分享幸福……

没有学会与他人分享幸福技巧的人,就没有找到通往持久幸福的真正道路,因为幸福主要来自分享自己以及自己的祝福。让我们记住,一个人在他人心中占据的空间,正是由他通过某种形式的分享所提供的服务决定的。让我们也记住,所有的财富都可以通过简单的分享过程加以修饰和倍增,并为他人服务。忽视或拒绝分享自己的祝福肯定会切断个人与其灵魂之间的交流。一位伟大的老师说:"你们当中最伟大的是那个成为所有人的仆人的人。"一位哲学家说过:"帮你哥哥的船过河,瞧!你自己的船已经靠岸了。"

另一位伟大的哲学家说:"无论你对别人做了什么,或为别人做了什么,你都是对自己或为自己而做。"

8. 爱的工作……

没有比他更富有的人了,他已经找到了一份爱的工作,并正忙于履行它,因为爱的工作是人类欲望的最高表现形式。工作是人类一切需要的供给和需求之间的联系,是人类进步的先行者,是给人类的想象插上行动翅膀的手段。所有爱的工作都是神圣的,因为它给履行爱的人带来了自我表达的快乐。做你最喜欢做的事,你的生活将因此而丰富,你的灵魂将得到美化,你将成为所有与你接触的人的希望、信念和鼓励的源泉。从事爱的工作是治愈忧郁、沮丧和恐惧的最好方法。它是身心健康无与伦比的建设者。

9. 对一切事物都持开明的思想……

宽容是文化的更高属性,只有在任何时候对所有话题、所有人都持开明思想的人才能表达宽容。只有保持开明思想的人才能真正受到教育,并因此准备好接受和使用生命的十二大财富。封闭的思想会凋萎，并切断个人与无限智慧之间的沟通渠道。开明的思想使人永远处于受教育和获取知识的过程中，利用这些知识，他可以驾驭自己的思想，引导实现任何想要的目的。

10. 自律……_____

不能做自己主人的人永远不可能成为自己之外的任何事物的主人。主宰自我的人才可能成为自己命运的主宰，成为"命运的主人，灵魂的主宰"。自律的最高形式在于，当一个人获得巨大财富或因所提供的服务得到广泛认可时，所表现出来的内心的谦逊。

自律是一个人能够充分、完全地掌控自己的思想，并引导它实现他所希望的任何目的的唯一手段。

11. 理解他人的能力……_____

对人有深刻理解的人认识到，所有人本质上都是相似的，因为他们是从同一个源头进化而来的。人类所有的活动，无论好坏，都是受人生的九个基本动好接受和使用生命的十二大财富。封闭的思想会凋萎，并切断个人与无限智慧之间的沟通渠道。开明的思想使人永远处于受教育和获取知识的过程中，利用这些知识，他可以驾驭自己的思想，引导实现任何想要的目的。

10. 自律……

不能做自己主人的人永远不可能成为自己之外的任何事物的主人。主宰自我的人才可能成为自己命运的主宰，成为"命运的主人，灵魂的主宰"。自律的最高形式在于，当一个人获得巨大财富或因所提供的服务得到广泛认可时，所表现出来的内心的谦逊。

自律是一个人能够充分、完全地掌控自己的思想，并引导它实现他所希望的任何目的的唯一手段。

11. 理解他人的能力……

对人有深刻理解的人认识到，所有人本质上都是相似的，因为他们是从同一个源头进化而来的。人类所有的活动，无论好坏，都是受人生的九个基本动

机中的一个或多个的启发,即:

(1)爱的情感

(2)性的情感

(3)对物质利益的渴望

(4)自我保护的愿望

(5)对身心自由的渴望

(6)对认可和自我表达的渴望

(7)对死亡后永生的渴望

(8)愤怒的情绪

(9)恐惧的情绪(见七种基本恐惧)

要了解别人,首先必须了解自己,因为激励自己采取行动的动机,大体上与激励他人在相同条件下采取行动的动机是相同的。

理解他人的能力是一切友谊的基础,是人与人之间一切和谐合作的基础,是一切需要友好合作的领导形式中最重要的基础。有些人认为这是理解宇宙总体计划及其创造者的一个重要途径。

了解了你自己,你才会很好地了解他人。

12. 经济保障(金钱)……

最后,但并非最不重要的,是十二大财富的有形部分,金钱或确保人的财务状况安好的知识。仅仅拥有金钱并不能保证财务安全。它是通过一个人所提供的服务来实现的,因为有用的服务可以被转换成各种形式的人类的需求,无论是否使用金钱。

亨利·福特获得了经济上的保障,并不一定是因为他积累了大量的财富,而是因为他为千百万人提供了有益的就业机会,为更多人提供了可靠的汽车运输。

掌握和应用成功科学的人有经济保障,因为他们拥有获得金钱的手段。他们可能花完了钱,或者因为判断失误而失去钱,但这并不会剥夺他们的财务安全,因为他们知道钱的来源以及如何联系那个来源并从中受益。

安德鲁·卡内基也许是当时世界上最富有的人,

他赞助了成功科学的创建，因为他相信积聚金钱的"诀窍"应该让每个人都知道。安德鲁·卡内基晚年捐出了他的大部分财富——这笔钱将近10亿美元。在他去世前不久与我交谈时说：

我把大部分钱财都回馈给人们，钱原本就是从他们那儿积聚来的，但与我留给人们的那些成功诀窍相比，我捐出的钱价值微不足道，我把这些"诀窍"托付给你呈现给世界。

你们现在明白了人生的十二大财富与贫穷的对立。应该鼓励大家注意，前面十一大财富在所有愿意接受它们的人手中，那些接受并运用这十一大财富的人将很容易吸引第十二大财富——金钱。

那么，这就是贫穷可以转化为财富的方法，包括所有人生的十二大财富。

接受这十二大财富，把它们应用到你的日常生活中，你就会成为一个成功的人，因为成功无非是这十二个祝福的实现。

第8章

生命的第六个奇迹
失败可能是一种祝福

失败往往会变相成为一种福分，因为失败会使人们背离预期的目标，而这些既定目标一旦实现，就意味着困境，乃至彻底的毁灭。失败往往会打开新的机会之门，并通过试错为人们提供现实生活的有用知识。失败常常会暴露出行不通的方法，并治愈虚荣者的自负。

1781年康沃利斯勋爵领导下的英国军队的失败，不仅给了美洲殖民地自由，而且很可能使大英帝国在第一次和第二次世界大战中免于彻底毁灭。

由于在内战中失去了奴隶，南方的经济失败最终在许多方面产生了同等效益的种子：

1. 奴隶的丧失迫使人们开始依靠自己，从而发展了个人的主动性。

2. 这一损失迫使南方妇女在商业和职业上与男性并驾齐驱，从而获得独立。

3. 最后，美国工业迅速向南发展，那里的劳动力、原材料、燃料和天气条件都更加有利。多亏南方人的个人主动性，他们不再憎恨北方佬，开始把南方工业卖给北方工业。

在适当的时候，南方可能成为美国的工业中心。

亚历山大·格雷厄姆·贝尔博士花了多年的时间研究如何为他失听的妻子制造一种机械助听器。他最初的目的失败了，但这项研究揭开了长途电话的秘密。

大约在1920年，当收音机问世并流行时，维克多留声机公司开始害怕，因为它似乎会毁掉留声机的生意。维克多留声机公司的总工程师根据收音机本身的原理，发现了可以制作更好的唱片的方法，经由这一发现，人们对留声机产生了需求，如果没有这一发现，公司永远都不会洞察这一需求。

托马斯·A.爱迪生的第一次重大失败发生在他的老师把他从学校送回家的时候，他的老师给他父母留下一张便条,通知他们他不能再接受教育。这使爱迪生非常震惊,他的这次经历使他能够成为一个真正伟大的发明家。

此外,爱迪生的部分失聪可能被一些人认为是重大的失败,但他以这样一种方式使自己适应了它,即通过第六感,他发展了"从内在"聆听的能力。这也许是他在发明的过程中发现如此多的大自然奥秘的能力的一个强有力因素。

我的母亲在我很小的时候就去世了,有人会认为母亲的去世是一个很大的不利因素,但事实并非如此。我的继母补偿了我失去母亲的损失,她对我的影响如此深远,她激励我从事一项使命,使我能够在更大程度上为他人服务。

我的一位巨富叔祖父(我就是以他的名字命名的)去世时,没有给我留下一份财产,我觉得遭遇了一次重大的失败。后来,我有理由感谢他把我排除在遗嘱之外,因为我必须靠自己的努力,用自己的主动权来战胜贫穷,在这样做的过程中,我学会了教别人如何战胜贫穷。

无论在任何你选择的情况下分析失败,你都会发现一个深刻的真理,那就是每一次失败都会带来同等利益的种子。这并不意味着失败会带来同等利益的成熟果实,而只意味着必须通过个人的主动性、想象力和明确的目标来发现种子,培育它发芽,最终成长为果实。

大多数人会认为下肢瘫痪是重大失败,但富兰克林·D.罗斯福接受了这样一个失败,坚定地学会使用双腿支架,即便不用双腿,他似乎也已经做得很好。这种对待痛苦的精神态度,使他把残疾带来的不便降到了最低。

亚伯拉罕·林肯在店员、测绘、行伍生涯和法律实践方面的失败让他的才能朝着使他成为美国有史以来最伟大的总统的方向发展。

在职业生涯的早期,我经历了20多次重大的失败，这些失败改变了我的人生道路，并最终引导我进入了一个我最能为他人服务的领域。

克拉伦斯·桑德斯作为一名店员的失败赋予了他一个想法，让他在4年内赚了400万美元。这个想法就是一个庞大的自助杂货店系统，它标志着自助商店系统的开始，现在在全国范围内广泛运行。

身体健康的失败往往会将个人的注意力从身体转移到脑力上，并把他介绍给身体真正的"老板"——思想，以此打开广阔的机会视野。如果没有健康上的失败，他将永远不会知道这些。

威斯康星州阿特金森堡的米洛·C.琼斯以经营农场为生，直到瘫痪，身体完全丧失功能。然后他发现了一个只有这样的痛苦才能为他揭开的秘密——他有思想，成功的可能性只受到他对成功的渴望和要求的限制，即使不使用他的身体。在思想的帮助下，他想出了用小猪做香肠的主意，把他的产品命名为"小猪香肠"，后来他成了一位千万富翁。

第8章 生命的第六个奇迹：失败可能是一种祝福

琼斯先生在充分利用他的身体时，并没有发现惊人的财富来源，这一事实提供了引人深思的想法。伟大的变革法则为了让米洛·C.琼斯了解他的脑力，迫使他瘫痪在床，打破他靠双手谋生的旧习惯，他发现脑力比体力强大无限倍。

的确，大自然从不允许个人被剥夺任何与生俱来的权利和祝福，除非以某种形式给予他同等的潜在利益，就像米洛·C.琼斯那样。

失败是福是祸取决于个人对它的反应。如果一个人把失败看成来自命运之手的一种推动力，这意味着他要向另一个方向行动，而如果他按照这个信号行事，那么失败的经历实际上肯定会成为一种祝福。如果他接受失败作为自己软弱的表现，并将它铭记在心，直到产生自卑情结，那么失败就是一种诅咒。反应的本质说明了一切，而这总是在个人的专属控制之下。

没有人对失败有完全豁免权，每个人一生中都会遭遇很多次失败，但每个人也都有以自己喜欢的方式应对失败的特权和手段。

一个人无法控制的情况有时会导致失败，但没有任何情况能阻止他以最适合自己利益的方式对失败作出反应。

失败是一种精确的测量工具，通过它，人们可以认识到自己的缺点。因此，它提供了纠正缺点的机会。从这个意义上说，失败总是一种福气。

失败通常以两种方式中的一种或另一种影响人们：它只是对更大努力的一种挑战，或者它压制并阻止人们再次尝试。

大多数人放弃希望，在失败的第一个迹象出现时就放弃了，甚至在希望就要战胜失败之前就放弃了。而且很大一部分人在遭遇一次失败后就放弃了。潜在的领导者从不会被失败所征服，而是被失败所激励，去付出更大的努力。观察你的失败，你就会知道你是否有领导的潜力。你的反应会给你一个可靠的线索。

如果你在某项事业经历了三次失败后还能继续尝试，你可能认为自己是你所选择职业中的潜在领导者。如果你能在十几次失败后仍继续尝试，天才的种子就会在你的灵魂中发芽。给它希望和信念的阳光，看着它成长为伟大的个人成就。

看来，大自然经常用逆境击倒人们，以了解他们中谁会站起来进行另一场战斗！成绩合格者被选作天选之子，在对人类极为重要的工作中担任领导者。

我可以提醒你，下次遇到失败时，如果你会记住每一次失败和不幸都伴随着同等利益的种子，从你认出那粒种子的那一刻起，用你的行动使它开始发芽，你会发现，只有当一个人接受失败，才有失败这样的现实！

对米洛·C.琼斯来说，接受苦难对他的打击，永远无法从中恢复是最自然和最合乎逻辑的，如果他这么做了，没有人会责怪他，但他以积极的方式对自己的残疾作出了反应,这使他能够更好地与自己的思想力量合作。他的反应是这段经历的重要部分,因为这段经历带来了他从未梦想过的财富。

大多数所谓的失败都只是暂时的失败,如果人们对它们采取积极的心态,这些失败就能转化成无价之宝。

从出生到死亡,生活不断地向人们提出挑战,让他们在不被打倒的情况下掌握失败,并以丰厚的财富和巨大的个人力量奖励那些成功地迎接挑战的人。

这个世界慷慨地原谅一个人的错误和暂时的失败,只要他总是接受这些错误和失败并继续努力,但是在前进的道路上遇到困难时放弃是不可原谅的!

人生的座右铭是:"成功者永不放弃,放弃者永不成功!"

日本在第二次世界大战中的失败是其最大的胜利,因为这一失败打破了日本人民被束缚的迷信的恶毒枷锁,使他们第一次尝到民主的滋味,并有机会在与其他所有人平等的基础上，在文明人大家庭中占有一席之地。

在人类所有的努力中，大自然似乎偏爱那些不知道自己会失败的"傻瓜"，即便发现自己不可能做到也勇往直前，继续去做那些"不可能"的事情。

亨利·P.凯撒从来没有建造过适合航海的船只，但在第二次世界大战的紧急情况下，对船只的需求远远超过供应，所以凯撒先生如此有信心和激情开始造船，以至于他确实比在那个行业中的一些年长和更有经验的人都出色得多，用有史以来最低的成本带来了最高的产量！

说"不可能做到"的人通常最终会被忙于做事情的人所征服——那些成功的人是因为他们已经把自己置身于宇宙法则的道路上，使自己适应它们的习惯，从而保证自己不会失败。说"不可能做到"的人从来没有研究过自然法则。

一位老矿工花了30年的时间寻找贵金属，结果却遭遇失望和绝望,直到情绪被他那匹可靠的骡子在地鼠洞里摔断腿的不幸所取代。骡子必须被杀死。在挖一个坑来埋这只动物的时候,矿工挖到了全世界储量最丰富的铜矿!

命运往往选择戏剧性的方式来奖励那些在面对失败时坚持不懈并愿意继续尝试的人。

在这个现实主义的世界里,我们必须不断地提醒自己,我们唯一的限制是那些我们在头脑中设置的或允许别人为我们设置的限制。

从今以后,永远记住,没有经历可以被归类为失败,除非它被直接接受为失败为止!还请记住,只有具备特定经验的人,才有权称之为失败或其他名称,其他所有人的意见都不算数。

失败的54个主要原因

1. 随波逐流的习惯,经常改变目标或目的。
2. 出生时因为遗传因素身体不好。

3. 对他人的事情过分好奇。

4. 没有明确的人生目标。

5. 学校教育不足。

6. 缺乏自律,这通常表现为过度饮食和性放纵,以及对自我提升机会的漠不关心。

7. 缺乏超越平庸的雄心壮志。

8. 健康状况不佳,通常是由于思维错误、饮食不当和缺乏锻炼(然而,请记住,有些人,如海伦·凯勒,尽管有无法治愈的疾病,仍然为他人做出了巨大的贡献)。

9. 童年不良环境的影响。据说人在七岁的时候,性格的骨架就已经基本形成了。

10. 缺乏坚持到底做完一件事的毅力。

11. 消极的心态已经成为一种固定习惯。

12. 缺乏对内心情感的控制。

13. 对不劳而获的渴望,通常体现为有赌博的习惯。

14. 未能及时、明确地做出决定,以及做出决定后没有准备行动。

15. 怀有七种基本恐惧中的一种或多种。

16. 选错婚姻伴侣。

17. 在生意和职业关系上过于小心。

18. 缺乏所有形式的谨慎。

19. 选错商业或职业伙伴。

20. 错误地选择了职业,或者完全忽视做出选择。

21. 在给定的时间内没有集中精力完成任务。

22. 乱花钱的习惯,没有做控制收支的预算。

23. 没有合理安排和利用时间。

24. 缺乏可控制的热情。

25. 不宽容,思想封闭,特别是基于与宗教、政治和经济主题有关的无知或偏见。

26. 不能以和谐的精神与他人合作。

27. 不劳而获或不当占有权力或财富。

28. 对那些理应忠诚的人缺乏忠诚精神。

29. 不受控制的自私自利和虚荣心。

第8章 生命的第六个奇迹：失败可能是一种祝福

30. 没有以对必要事实的第一手了解为基础形成意见和制定计划的习惯。

31. 缺乏足够的远见和想象力来发现有利的机会。

32. 不愿意在提供服务的过程中多付出一点。

33. 对他人真实的或想象中的伤害进行报复的欲望。

34. 用粗话或脏话交谈的习惯。

35. 沉溺于对他人事情的负面八卦的习惯。

36. 对政府当局的反社会态度。

37. 不相信有无限智慧的存在。

38. 缺乏如何祷告带来积极结果的知识。

39. 没有从他人的建议中获益，而这些建议往往是自己需要的。

40. 不重视偿还个人债务。

41. 说谎或过分歪曲事实的习惯。

42. 在没有被邀请的情况下提出批评的习惯。

43. 过度利用负债。

44. 对自己并不需要的物质财富的贪婪。

45. 对实现自己选择的目标缺乏足够的自信。

46. 酗酒或吸毒。

47. 过度沉溺于吸烟,特别是持续烟瘾的习惯。

48. 在合同和法律事务方面,把自己(外行人)当律师(外行)的习惯。

49. 在风险不正当合理的情况下,背书他人票据的习惯。

50. 拖延的习惯,明日复明日。

51. 逃避而不是掌控不愉快的情况的习惯。

52. 讲太多、听太少的习惯。人在说话的时候永远学不到任何东西,只有在倾听别人说话的时候才能学到东西。

53. 接受别人的恩惠而不回报的习惯。

54. 在商业和职业关系中故意不诚实。

仔细检查这54个失败的原因,如果自我检查显示前述每一个原因都不存在问题的话,你就不可能被失败打败。此外,你不必担心牙科或外科手术,因为你已经控制了一切。

然而,在你做出自己的评价之后,如果你能让其他人—— 一个非常了解你并且有勇气让你通过他/她的眼睛来审视自己的人——对你失败的每一个原因进行评价,这会既有趣又有益。

第9章

生命的第七个奇迹
悲伤：通往灵魂之路

悲伤从来不会受到人们的邀请，但它是大自然的一种有效的手段。通过它，人类习惯于在人际关系中变得谦逊和合作。

当一个经历过巨大痛苦的人试图批评或谴责那些他可能不赞成的人或那些可能伤害了他的人时，他常常彻底改变这种情况下的普遍规则，不会加以责备。"上帝怜悯我们所有人！"当我们遇到这类人时，我们会本能地意识到我们是在上帝面前！

悲伤是灵魂的良药，没有它，许多人永远无法认识灵魂。如果没有悲伤的发酵作用，人类仍将与智力层次较低的动物同处一处。悲伤打破了自然人和精神潜能之间的障碍。

悲伤打破旧习惯，用新的更好的习惯取代旧习惯——这一事实表明，悲伤是大自然的一种手段，可以防止人类被自负和自我满足所奴役。

第9章 生命的第七个奇迹：悲伤：通往灵魂之路

通过我唯一的巨大悲伤，我发现了通往自己灵魂的道路。如果没有这段经历，我永远都不会知道给了我自由的这条道路，它也为写这本书铺平了道路。

悲伤与爱的情感极为相似，是所有情感中最强烈的一种。在灾难发生的时候，悲伤以友谊的精神把人们聚在一起，并影响人们认识到成为兄弟的守护者是一件幸事。

悲伤削弱贫穷，强化财富！

只有悲伤才能揭示的财富是如此巨大和丰富，以致无法清点它们。悲伤的能力本身就是一个人深层次的精神品质的证据。坏人从不知道悲伤的情绪，因为如果他们知道悲伤，就不会是坏人。

悲伤迫使个人反省自己，在反省中他可能会发现治愈他所有疾病和失望的方法。它向人们介绍了冥想和静默的好处，在冥想和静默中，无形的力量可以在给定的时间或经历中给你的需求带来足够的帮助和安慰。

当一个人醒悟并发现自己掌握着巨大的力量时，通常是受到他所爱的人、事业上的失败或一些他无法控制的身体上的疼痛的启发。

大自然似乎只用悲伤的方法对身体和心灵进行某些必要的改进，如根除自私、傲慢、虚荣和利己主义。

就像失败一样，根据人对悲伤的反应，它可能是祝福，也可能是诅咒。如果接受它，把它视为一种必要的训练力量，没有愤恨，它可能成为一种巨大的祝福。如果憎恨它，看不到从中发展出来的好处，那么它可能变成一种诅咒。选择完全取决于个人的思想。

有时悲伤会变成自怜，这样只会使接受它的人变羸弱。只有当悲伤作为一种同情他人的情感被个人体验，或者作为一种受欢迎的训练手段被个人接受时，它才是有益的。

人与无限智慧的联系从来没有比在极度悲哀的

时候更密切。在悲哀的时刻,祈祷是最有效的,祈祷往往会立即带来积极的结果。

亚伯拉罕·林肯痛失他唯一真正爱过的女人,但安·拉特利奇向全世界显示了他伟大的灵魂,并在我们最迫切需要的时代把自己作为我们最伟大的领袖献给了美国。

单相思带来的挫折往往把人带到人生的一个转折点,在这个转折点上,悲伤会显现出来,个人与之相处的方式决定了挫折是成为取得伟大成就的向导,还是成为带来彻底毁灭的障碍。

再一次,选择完全取决于个人!

即使是造物主也不会剥夺一个人控制自己思想,并将其引向他所选择的任何结果的特权,除非个人同意,否则没有其他任何力量可以取消这种特权。

当悲哀转化为某种有助益的行动或个人的改变时,它可能会成为一种永久的巨大力量。人们已经知道,悲伤可以治愈无药可救的酗酒症。它被认为是治愈人类大多数罪恶的良药。有人说："当悲哀失败时，魔鬼就会接管一切。"

在谦卑者和傲骄者因为悲伤公开忏悔的时刻，人们抛开一切虚伪的手段，显现出自己的本来面目。如果没有悲伤的情绪，人类将是一种如同最凶猛的老虎一样残忍的动物，并且由于他的卓越智慧而变得无比危险。

在把人提升到智力的最高层次时，造物主明智地用悲哀的能力来精炼这种智力，以确保人在利用自己的优势时能够适度。施虐狂和手段高明的罪犯通常都是智力超群的人，但他们缺乏悲伤的能力。

一个没有悲伤能力的人最接近魔鬼本身。

如果你曾经觉得你的悲哀大过你所能承受的，记住你正处在人生的十字路口，有四个方向可供选择，其中一个方向可能引导你进入内心的宁静，而这是你从未在其他任何方向或以其他任何方式找到的。也要记住，从未感受过悲伤的人从未真正活过，因为悲哀是通往灵魂之门的万能钥匙,是通往无限智慧的入口。

悲伤是一种权宜之计,是一种安全阀,它保护那些拒绝听从理智指引的人。悲伤是对伟大灵魂的一种滋补,是对弱者和任性者的一种重击。

我50岁时毕业于悲伤大学。从出生到知天命,我遭遇了一个人所能经历的每一种悲伤。不知何故,我战胜了所有这些。我跨越了所有的悲伤之河,除了一条,被证明是最后的,也是最伟大的以外。这是一种新的悲哀,我还没有为它筑一道免疫的墙。它包含了最深刻而又最危险的情感——爱的情感。

我曾沿着一条小径漫步在爱的花园中,后来发现这条小径就像迷宫,令我很难回头。我曾看到我的数百名学生犯过同样的错误,而我总是因为他们的缺点而抱有些许的蔑视。现在情况完全不同了。

我终于明白了单相思的痛苦,我也知道我必须找到一种方法,把这种经历转化成某种积极的行动。

有了这段经历，就像之前所有不愉快的经历一样，我开始转变，为自己设定了一项工作任务，让我没有时间后悔。

命运之手的某种奇怪的举动把我带到了南卡罗来纳州的克林顿小镇，在那里我安顿下来，克服悲伤，重写成功科学。这需要一年多的时间。在我独自居住的公寓里，有一幅油画，画的是一片美丽的森林，一条宽阔的河流从森林中流过，在一个急转弯处消失了，改变了流向。

夜复一夜，我坐在那幅画前，等待着希望之船在那转弯处航行。船再也没有来过，日子一天天过去，一星期一星期过去，一个月一个月过去，最后只剩我独自一人。我总是设法摆脱生活中每一件不愉快的事情，但在这里，我似乎和自己不能分离地囚禁在一起，这种厌倦似乎是我无法忍受的。

我注定要从这次经历中学到我职业生涯中最重要的一课，那就是，没有自己选择的女人的陪伴，男

第9章 生命的第七个奇迹：悲伤：通往灵魂之路

人是不完整的。我不可能以其他方式吸取教训。

我一个人住了一年之后，一天晚上，我穿上礼服准备去参加一个晚宴，公寓的灯光很昏暗。我无意中瞥了一眼墙上的画，因为一些奇怪的现象，微弱的光线落在那幅画上，我看到了一幅完美的画，一艘船正从拐弯处驶来。"我的希望之船终于来了！"我喊道。

那天晚上，当我坐在晚餐客人对面时，又发现了一件事，这件事清楚地向我揭示了为什么我被带到克林顿小镇，因为在我面前坐着我未来的妻子，我一直在到处寻找的那个人，不知道她几乎就住在我隔壁。

因此，出于对我最大悲痛的补偿，永恒的补偿法则使我获得了我所有财富中最大的一笔——在各个方面都非常适合的妻子和我一起手挽着手散步，走过生命的每一个下午，我们一起努力，完成了事业的最后阶段。通过这项事业，悲伤被转化为一种哲学，注定要造福数以百万计的人们。

但如果我没有学会把不愉快的情形转换为建设

性行动的神圣艺术,最后决胜点就永远不会到来,成功科学哲学也永远不会被创建。

当你再次坐在牙科医生的椅子上时,记住"转换"这个词,让你的思想如此忙于思考一些有建设性的事情,以至于没有时间感受身体上的疼痛。当悲伤突然发生时,遵循同样的计划,将你的想法转向实现一些尚未实现的目标;让它如此忙于思考实现这一目标的方法和途径,以至于没有时间自怜。这样做,你就会发现一个你不知道自己拥有的隐秘资产,一个比国王的赎金还值钱的资产。你会发现你是自己的主人!

我对悲伤的影响有所了解,因为我出生在悲伤的海洋之中。我出生时的家位于弗吉尼亚州西南部的山区,是只有一间房的小木屋。在我出生时,家里的全部财产有一匹马、一头牛、一张床和一个母亲用来烤玉米面包的炉子。

从理论上讲,我根本没有机会成为一个自由人,更没有机会为全世界的同胞服务。我的父母很穷,他们是文盲。我们的邻居很穷,也不识字。我出生时继承的唯一有价值的资产是健全的身体和健康的血液。

从对我背景的简要描述中,你可能会产生好奇,为什么我被选择带给这个世界它的第一部个人成就的实用哲学。我自己也经常想知道原因!但哲学家告诉我们,"上帝以一种神秘的方式运行他的奇迹"。

从童年的悲伤中,我产生了一种强烈的欲望——减轻别人的悲伤,这种愿望如此强烈而持久,使我对成功和失败的原因进行了20多年无偿的研究。也许我年轻时的悲伤是有目的地送来的,为了激励我给世界提供有益的服务。

我说的"无偿的研究",是指在研究进行的过程中没有金钱补偿。至于这项研究给我的最终报酬,我可以真诚地说,我怀疑是否有其他任何一位作家像我在创建成功科学的这20年中那样,接受过同样多的帮助,或得到过同样有利的机会来从事任何类型的文学工作。最后，那些"无偿的"岁月帮助我将自己积极的影响力投射到无数人的生活中，使我得到的比我分享的"十二大财富"还要多，"十二大财富"代表了在世间个人成功的全部。

如果我能回到过去，重新开始我的生活，我想避免年轻时的那些悲痛吗？不，绝对不会，因为正是这些经历磨炼了我的身体和心灵，精炼了我的灵魂，使我能够完成生活中的任务，从而造福于那些在生活的丛林中寻找出路的人们。

了解我在这里想要表达的思想的全部意义，你就会明白为什么我说这本书比仅仅是关于如何控制对牙科或外科手术的恐惧的指导要重要得多。如果像我希望我能做到的那样做我的工作，在写这本书的时候，它将把读者引向一种力量的源泉，所有不愉快的情况都可以转化为有益的服务。这种力量的源泉通过"另一个自我"来运作，当你照镜子时，看不到的那个自我。

一旦学会正确地评估悲伤，你就会认识到它的好处，无论它何时出现，你都会明白它是大自然最基本的工具之一，用它把人从他的动物背景中分离出来。在所有发展水平上低于人类的动物，从来没有感受过有益的悲伤情绪，除了狗，狗与人类的长期伙伴关系使狗变得与人类非常相似，只是它们的悲伤情绪略低于人类。

如果你有巨大的承受悲哀的能力，只要你把悲哀作为一种受欢迎的训练来源，而不是作为一种自怜的手段，你就有巨大的天才潜能。

继续穿越奇迹之谷的旅程时，你会发现，对那些正确地解释它们的人来说，每一个奇迹都被赋予了非常有益的精神潜力。你也会注意到，只有那些正确地解释并与自然法则相关的人才能获得心灵的宁静。如果你错过了这一点，你将错过促成这本书写作的主要目的！

当不幸降临时，悲伤是为社区或家庭的环境服务的伟大的通用特性。我知道,悲伤把不愿向任何其他影响让步的疏远的丈夫和妻子聚在一起;我也看到,悲伤消除了世代之间的恩怨情仇。

倘若总是把悲伤作为一种利益而不是一种诅咒接受,悲伤的情绪就像爱的情感一样,使那些经历过悲伤的人的灵魂变得更美好,并给予他们勇气和信心,让他们在迷茫和混乱的世界中经受斗争的考验和磨难。对悲伤的怨恨会导致胃溃疡、高血压和来自他人的普遍不友好。

每一种悲伤都会带来同样快乐的种子!寻找那粒种子,让它发芽,收获快乐。当你能做到这一点时,你就不会再让自己被诸如牙科或外科手术这样的琐碎事情所烦扰,即使它们是大手术。当你遭遇悲哀时,不再顾影自怜,环顾四周,直到找到一个比你更悲哀的人,并帮助他/她来掌握它。瞧,你自己的悲哀将会转化为你身体和灵魂的药物,一种你可以用来医治许多其他类型的不愉快经历的良药。

第10章

生命的第八个奇迹
大自然明确的目的

固守自然法则是一个奇迹，它永远捍卫着自然界的所有计划和目的，并确保宇宙的整体计划在不受人类干扰的情况下得以实现。

宇宙习惯力法则是所有其他自然法则的检查者，是一种使生活在比人类更低层次的一切生物的所有习惯都固定下来的力量。它还修正了能量和物质的习惯，以及所有恒星和行星之间的关系。

只有人被赋予了特权和手段，通过这种特权和手段，他可以改正自己的好习惯或坏习惯。生活在较低层次上的一切生物的习性，都是由我们所谓的"本能"固定的，而在这个层次上的每一种生物的本能模式都代表了其活动的局限性和充分程度。

人类创造和打破自己习惯的特权完全掌握在自己手中，因此他不受任何形式的遗传限制的束缚，比如所有较低级的生命形式。由于人类的力量打破宇宙习惯力法则所束缚的所有习惯，并用自己选择的其他习惯来补充这些习惯，那个伟大的普遍真理"无论思想能设想和相信什么，思想都能实现"，被提供了良好的基础。

一旦一个人选择了一个目标并制定了实现它的计划，宇宙习惯力就会固定他与这个目标相关的所有习惯，从而自动引导他朝着目标的方向前进。然而，人可以随意打破这些习惯，改变他的计划和目标，并建立一套全新的习惯来实现他的目标。

在选择和控制习惯上的这种选择能力赋予了人类一个较高的等级，但比无限智慧低一步，事实上，给予了人类自由地利用无限智慧力量的特权来实现他的所有目标和目的。要证明这一观点，只需回顾人类在20世纪上半叶所取得的成就就可以了。在这段时间里，人类所揭示的自然界中被仔细隐藏的秘密，比在之前整个人类的存在过程中所揭示的还要多。

通过自己建立思维习惯的锻炼，人类一步一步地进入了按钮时代。这个时代允许他在他可能想要的任何方向上建立共鸣,比如说,平静地坐下来按下按钮来满足他的每一个需要。

也许人类的这种进化过程——把以前靠手工完成的大部分劳动转移到机器上,只是大自然计划的一部分,通过淘汰的过程,把人类引入到他自己的思想力量上。当不再需要使用体力时,人们就会有时间去发现和使用脑力。在这一发现中,他可能会学到,他可以做拿撒勒人要求他做的所有事情——"比我所做的还要多"。

恒星和行星以及由此形成的星云物质,由于大自然的固定习惯而相互联系,通过宇宙的习惯力法则而运转。日夜、季节、平衡法则以及除了人以外的所有生物,都被一些无法改变的习惯所约束,这些习惯使它们在很长一段时间内的动作和行为都能被准确地预测出来,甚至远远早于事情的发生。

只有人类才被赋予了决定自己命运的特权,有权使自己愉快或不愉快、成功或失败、快乐或不快乐、富有或贫穷，他的成就总是不可预测的，因为他的潜力是无限的。

只要人类比现在多享有两种特权，就将与造物主处于平等的地位，即：（1）由他自己选择降生到世上的特权；（2）只要他愿意，可以长生不死的特权。人类几乎可以控制一切，但可惜，他几乎没有发现自己拥有的力量，或尝试利用这些力量来提升自己，或使这个世界变得更美好。

大多数时候，人类囿于一种与那些对他不友好的力量斗争的角力战中，因为他不理解这些力量（像生命奇迹这样的力量），而乐意为了一个睡觉的地方、一点儿填饱肚子的食物、足够遮身蔽体的衣服过安定的生活。

在很长的一段时间里，有人走出了人类的长队，掌控了自己的思想，认识到它的力量，并加以运用。于是，这个世界出现了爱迪生、福特、路德·伯班克、亚历山大·格雷厄姆·贝尔、亨利·J.凯撒——他们消除了所有自我强加的限制，因为他们了解了"无论思想能设想和相信什么，思想都能实现"的真相。

他们是天才吗？是的，因为天才仅仅是一个自我发现的事情！

了解你自己，不受限制的"另一个自己"，你可能会成为"命运的主人，灵魂的主宰"，内心的宁静就会像吃饭睡觉一样自然而然地降临到你身上。

人最大的弱点不在于他没有财富，而在于他没有利用他所拥有的！在每一代人中，只有不到1%活着的人接过了文明的火炬，为了下一代的利益把它传递下去。文明是由那些发现和利用自己思想的人推动前进的。在普通的企业中也是如此，在这些企业中，与企业有关的个人中，只有相对较小的一部分负责企业的成功运营。其他人身在企业，而思想和心思不在企业，他们从企业中得到的经常多过他们对企业的贡献。

第10章 生命的第八个奇迹：大自然明确的目的

大自然不会动摇，不会拖延，不会改变它的计划，在这方面它为人们树立了一个出色的榜样。成功者会效仿，失败者则不会。

在我与那些帮助我创建成功科学的成功人士接触的过程中，有一个令人印象深刻的发现，那就是他们目标明确地前进，困难的时候从不动摇，从不放慢脚步，从不放弃。他们之所以成功，是因为他们知道自己想要什么，为实现它制定计划，并遵循这些计划，直到获得成功。

当看到成功人士在一次又一次的失败中仍坚持自己的目标时，我常常想，无限智慧将自己抛在必须战胜阻碍时永不放弃的人的身上，无论他们要克服多少阻碍，不知何故，这些人最终总能取得胜利。

当我第一次听说托马斯·A.爱迪生在发现白炽灯的秘密之前已经克服了一万多次失败时，我想知道一个人怎么能够或者愿意为胜利付出如此高的代价。后来，当我深入了解了爱迪生的思想，以及他运用这种思想来解决问题的方法之后，我才发现正是那一万次失败的训练的结果，使爱迪生成为了有史以来最伟大的发明家。

爱迪生一次又一次地遭遇失败时，他一定认识到，坚持不懈最终会带给他所追寻的秘密。我之所以得出这个结论，是因为我自己也经历过失败，而我遇到的每一次失败，都只会让我更加坚定地坚持下去，直到成功。当我遭遇失败时，那个从内心深处发出的微小而平静的声音一直在告诉我不要放弃。

哪怕我们只体验一次那些身处人类成就最高层次的人们取得胜利之前在斗争时期所经历的身心痛苦，我们都会非常羞于承认对诸如牙科手术或大手术这样如此微不足道的经历的恐惧。

第11章

生命的第九个奇迹
大自然深厚的记账系统

大自然的宇宙平衡是另一种设计，大自然通过它来维持宇宙中存在的一切事物的完美平衡，包括时间、空间、能量、物质和智慧。通过它，这些已知的因素被塑造成人类已知的每一种专门形式。

大自然通过这条自动运作的法则，强制每个人都要被迫尝到人生的苦与甜，但它明智而巧妙地在这条法则中注入了一种补偿机制，帮助每个人根据自己的需要和愿望来平衡苦与乐。这一规定是必要的，因为造物主的总体计划规定，人应毫无疑问地控制自己的思想，并有权将其导向苦或甜的结局。

这个补偿设计的运作是伟大的宇宙平衡法则的一部分，通过它，每一次不幸、每一次失利、每一次失败、每一次失望、每个人无论什么性质或原因的挫折，都会因这种情况本身带来同等利益的种子。这一事实无论怎样强调都不过分，因此要反复阐述。

第11章 生命的第九个奇迹：大自然深厚的记账系统

根据这一补偿设计的规定，每个人都有权力和能力在每一次突然降临的不合意或不愉快的经历中发现同等利益的种子，无论这种经历是由他自己造成还是超出他的控制，并将这颗种子培育发芽到盛放花朵，然后结出一些他想要的成熟之果，用来补偿生出这颗种子的那些不幸。

在这里，我们发现了大量的证据，证明所有个体都以无限的公正与自己和他人之间产生关联。大自然如此设计了宇宙的整体法则，以至于那些学会解释它的规律并以此为生的人是不可能不公正的。不公正纯粹是一种人为的制度，只存在于人与人之间的关系中。在人类与宇宙自然法则的关系中，不可能存在不公正，因为这些法则已经巧妙地提供了方法，即通过正确地理解自然法则并和谐地适应它们，人类因自己的错误行为而自动惩罚自己，因自己的美德而补偿自己。

影响人们生活的情况有两种：

（1）并非源于个人所做或者所忽略的事情，而是因为不受个人控制的情形。例如，亲人的死亡、无法治愈的与生俱来的身体病痛，或出生于贫穷的种族。

（2）个人有控制权和行使控制权的情形，如恐惧、贪婪、嫉妒、虚荣、利己、滥欲、仇恨、艳美、身体疾病、贫穷，与亲属、邻居、生意伙伴发生争执，因政治、宗教、个人观点与他人发生敌对。这个列表可以扩大到几乎包括每一种人际关系，但归根结底，它涵盖了影响人一生的情况，在这种情况下，个人有控制手段，尽管事实上他可能很少行使这种控制权。

第一组中不受个人控制的情况，可以通过仅仅行使造物主提供的巨大特权来阻止影响个人内心的宁静，在这种情况下，每个人都有权建立和控制自己的心态，并将其思想力量导向任何期望的目的，包括他对所有生活经历的反应的绝对控制。换言之，无法控制的情况可以通过视而不见的心态影响和消除，而个体也可以据此切实引导自己走出心灵困境。这是一项艰巨的任务,有人可能会抱怨。在我们穿越奇迹之谷的旅行中,将在稍后的时间里透露一些使之变得容易的方法。

第二组的情况,那些在个人控制下的情况,可以通过最重要和最有力的奇迹的帮助来处理。

这个宇宙平衡法则不仅适用于人类所有的问题以及人与人之间的关系,也适用于树木和从地球土壤中生长的所有事物。例如,观察一棵树完美的工程学和对称平衡,它的枝条下垂以保持树四面八方的平衡,树根与树干和树枝成比例,并嵌入地面到适当的深度,这真是一项无人能复制的工程。

宇宙平衡也延伸到所有无生命的物质,向下延伸到物质的最小单位——原子的电子和质子,由两个相等的功率单位保持完全平衡——一个是负的单位,一个是正的单位,通过一种拉锯战的方式(一个拉,另一个推)保持平衡到一个静止点,这个静止点创造平衡。

在我们能够探索的宇宙的这一部分中,我们发现了一个完美的平衡系统,它可以平衡所有恒星和行星以及尚未形成行星或恒星形式的星云物质。如果这个平衡法则不存在,恒星和行星之间的碰撞就会造成持续的混乱,一年中的季节、昼夜,就不会受到调节,也不会有规律可循。

我们中的大多数人可能对恒星和行星的平衡不感兴趣,但我们所有人都对如何充分利用宇宙平衡的伟大法则来调整影响我们个人生活的环境,使它们对我们有利感兴趣。从这条伟大的法则中获得利益的最好方法是:首先,以一种对我们有利的方式,驾驭我们的思想的力量,并利用它把我们自己与我们能够控制的情况联系起来;其次,利用同样的思想力量,使我们自己受益于我们不能控制而又影响我们生活的一切情况。

通过对这个平衡法则的简要分析,令我们振奋和鼓舞的是，这条法则使整个宇宙的一切都与大自然既定的模式和计划保持一致，除了人类（唯一有能力背离这一法则以及所有其他大自然法则影响的生物），如果选择背离和做出选择背离的时候，他愿意为此付出代价。

如果你正在寻找人类成功的最高秘诀，现在合适的做法是，你可以停下来，思考、冥想和回忆，希望来自内心的那个细微而平静的声音会护佑你获得你所寻求的知识。

第12章

生命的第十个奇迹
时间：大自然万能的良药

时间是治疗人类疾病的伟大的万能医生，它的主要媒介是以太，一种联结宇宙万物的能量。时间是医治创伤的良药，无论是身体上的还是精神上的；时间是转换器，能将所有的因都转化成恰当的果。

时间用非理性的青春换取年龄和智慧的成熟！

时间将我们心灵的创伤和日常生活中的挫折转化为勇气、忍耐和理解。如果没有这种和善与仁慈的服务，大多数人在早期年轻时代就会迷失方向。

时间使土地里的谷物和树上的果实成熟，使它们为人类的享受和生计做好准备。

时间给了急性子的人冷静下来并变得理智的机会。

时间通过试错法帮助我们发现大自然的伟大规律法则，通过判断错误帮助我们获益。

时间是我们最宝贵的财产，因为在任何给定的日期或地点，我们只能确定它不超过一秒钟。

第12章 生命的第十个奇迹：时间：大自然万能的良药

时间是仁慈的使者，通过它我们可以忏悔罪恶和错误，并从中获得有用的知识。

时间偏爱那些正确理解自然法则，并将其作为正确生活习惯指南的人。但对于那些忽视或不顾自然法则的人，时光飞逝会带来严重的惩罚。

时间是宇宙习惯力普遍规律的主要操纵者，是所有习惯的固定者，包括生物和无生命的东西。时间也是吃亏受补法则的主要操纵者，通过这一法则的运作，每个人都能收获他所播种的东西（这一法则的积极运作称为收益递增法则，消极运作叫作收益递减法则）。

时间并不总是让补偿法则迅速起作用，但它确实是按照哲学家所理解的固定的习惯和模式起着作用，并且他可以通过研究即将发生的事件的起因来预测其性质。

时间也是伟大的变化法则的主要操纵者，它使所有的事和所有的人都处于不断的变化之中，从不允许他们连续在两分钟内保持不变。这一真理蕴含着巨大的益处,因为它为我们提供了一种方法来改正错误,消除错误的恐惧和不良的习惯,随着年龄的增长,我们把无知变成了智慧和内心的宁静。

回想你过去的经历,细数你那颗焦虑的心没能摆脱痛苦的时刻,唯有时间医生的仁慈之手才能解除那些痛苦。

如果你在生意或你选择的职业生涯中失败了,你可能会发现,时间来拯救你,带来了其他也许是更大的机会,你会很高兴你已经从你的道路上走到了一条更平稳、更广阔的机会之路上。

下一次,当你发现自己浪费了一秒钟宝贵的机会(时间)时,就照着下面的承诺去做,把它记在脑子里,然后立即开始执行。

我对时间医生的承诺

1. 时间是我最大的财富,我将把自己与它联系在一个预算系统上,该系统规定每一秒不睡觉的时间都应该用于自我提高。

2. 今后,我将把由于疏忽而损失的时间看作一种罪过,为此我必须在将来更好地利用同样多的时间来弥补。

3. 认识到我将收获我所播种的,我将只播种既利人又利己的服务的种子,从而把自己置于伟大的补偿法则的道路上。

4. 将来我要好好利用我的时间,以便每天都能给我带来一定程度的内心的宁静。如果没有这种宁静,我会意识到需要重新检查我所播下的种子。

5. 知悉我的思维习惯会随着时间的流逝而成为吸引所有影响我的生活环境的模式,我将使我的头脑如此忙碌于与我所渴望的环境相关的事情,以至于没有时间感受恐惧和挫折,以及我不想要的事情。

6. 认识到我在世间的期限是不确定和有限的,我将尽一切可能地利用那部分时间,以便使最接近我的人能从我的影响中受益,并受到我的榜样作用的鼓舞,尽可能地利用自己的时间。

7. 最后,当我的生命到期时,我希望可以留下一座刻有我名字的纪念碑,它不是石头纪念碑,而是在我的同伴心中的一座纪念碑。它将证明,由于我走过了这条路,世界变得更好了一些。

8. 在我余下的时间里,我将每天重复这一承诺,并坚信它将改善我的性格,激励那些我可能影响的人,以同样的方式改善他们的生活。

时间之钟的指针在飞快地向前移动!我们高呼"后退,让时间倒流",但时间并不理会我们的呼喊。

它比你想的要晚!

唤醒你自己,同路人。在尚未结束的未来,当你还有足够的时间成为你过去喜欢的那种人,醒来并掌控你自己的思想。

充分利用这一世规定的时限,希望你不会因为疏忽而不得不转世重新做这项工作。

已经警告过你了！

现在责任在你。有一个简单的测试，通过这个测试你可以判断自己是否充分利用了时间。如果你已经获得了心灵的宁静以及足以满足你需要的物质上的富足，那么你的时间就得到了充分的利用。如果你还没有得到这些祝福，你的时间就没有得到充分利用，你现在就应该开始查找原因。

真正伟大的人没有像"空闲时间"这样的情况，因为他们的思维永远与建设性的思维模式保持一致。通过这种对时间的深刻利用，他们形成了一种敏锐的第六感，进而通过这种第六感，可以从内在审视、倾听。

如果消极的思想误入真正伟大的人的头脑，这些思想就会立即转化为积极的思想，并通过符合其本性的积极的身体行动加以训练。

嘀嗒，嘀嗒，嘀嗒——时间的钟摆正快速摆动！

整个文明层面正在经历一个令人振奋的行动。

对与错都在为主权而进行殊死搏斗。是时候让每个人都公开表明态度了。对自己时间期限的利用将表明我们每个人站在对或错的哪一边。

是什么东西使时间之钟加速得如此之快,以至于20世纪后半叶将向人类揭示比人类整个过往所揭示的更多的个人改进机会?

唯有通过你理解时间的方式,你所共享的这些巨大的机会才可能被接受和利用!

第13章

生命的第十一个奇迹
智慧能拔除死亡的毒刺

死亡之谜：对于大多数人来说，把死亡理解为只是一个不可避免的悲剧可能是很困难的，但考虑到宇宙的总体规划（宇宙处于一种不断变化的状态，不断经历着永恒的变化），这个有限的主题观可以被扩展。

人类在不知情的情况下来到了这个世界，在生活这所伟大的学校里停留一段时间，然后在未经准许的情况下达到一个认知水平。一个人永远地活在地球上不是造物主计划的一部分，如果它是整体计划的一部分，那将是一场悲剧。

有人能想象到比被迫永远留在这个充满斗争的地球上更可怕的事情吗？在这个世界上，生命本身依赖于个人的永久警惕。

生命周期有点像现代的学校制度。我们进入幼儿园，毕业后进入小学、初中，然后进入高中，从那里进入大学这个最后的阶段。人类在地球上短暂的插曲背后的主要目的似乎是教育。

如果没有死亡，想想这个世界上已知的那些邪恶的人，那些仍然活着并使每个人生活都变得悲惨的人，那些从文明之初就寻求奴役全人类的潜在征服者和自封的独裁者。

死亡只是一种扩展的睡眠形式，在此期间，个人为了取之不尽、用之不竭的永恒而舍弃他疲惫不堪、精疲力竭的身体。因此，这是一种个人没有最终控制权的情况，死亡应该被接受，并被从头脑中解脱出来。

理解了这一变革法则是宇宙系统的一部分，死亡就变得可以理解，并且很容易作为一种必然被接受。宇宙中永恒的变革法则与地球上永恒的生命不能共存。

个人可能恐惧死亡，害怕与之相遇，并将其视为悲剧，但幸运的是，个人只是宇宙总体计划的一个兵卒，因此他的欲望和实现它们的手段完全局限于被称为生命的那个短暂插曲，在这段插曲中，个人被赋予了不受限制的帮助，以他喜欢的任何方式度过这一世短暂的逗留。

哲学家对待死亡的态度似乎是明智的。他接受这种情况，因为他对这种情况只有轻微的、有限的控制，他以一种中立的信念（精神）来适应这种情况，即当这种情况来临时，他会做好准备，然后摒弃这个主题，把他的精力投入到使生活在他所能控制的情况中，得到他所能得到的一切好处。

哲学家认为那些害怕死亡的人是在冒犯他们的创造者。哲学家接受每一种与他的生活有关的情况，把它们看作生活磨坊的磨砺，并迅速地调整自己，以最适宜的方式使自己从这些情况中受益。

一些伟大的奇迹构成了阻碍人们分析生命奇迹的主要障碍。这种对生命奇迹的分析目的是帮助个人用一种心态将他们与自己联系起来，这种心态将使他们把可怕的事情转变为有益于自己利益的情况。

通过对这些伟大奇迹的分析,"忧虑鸟"(大多数人在不必要地喂养它)已经被剥夺了维持它生存所必需的食物,接受生活中所有有如它们的情况,那么你通往内心宁静的道路就已经被扫清了。

我希望你们每一个读过这本书的人,在读完这一章后,都习惯于正确地理解和应用随后章节中所阐述的原则,这些原则旨在帮助你们以一种能带给你们最大利益的方式将自己与奇迹联系起来。

当这一希望实现时,你就会找到内心的宁静,这种心态将伴随你的余生。

我在分析中所作的陈述并不重要,但受这些陈述启发后你滋生的想法,是很重要的!因为这样激发的想法很可能让你改变对生活的态度,随着年岁的增长,生活会变得更美好。

第14章

生命的第十二个奇迹
思想的无限力量

如果按照生命奇迹的重要性的顺序来描述，人类的思想将引领生命中所有其他奇迹，因为思想是一种工具，通过它，人类将自己与关系到或影响其生命的所有事物和环境联系起来。

毫无疑问，人类的思想是自然界产生的最神秘、最令人敬畏的产品，同时也是人类从造物主那里得到的最不被理解、最经常被滥用的深奥的礼物。

思想是灵魂的堡垒，人的意识思维过程和无限智慧之间的联系就在这里。可以说，它是一个交换台，通过它，人类可以调频并与宇宙中蕴藏着无限智慧的巨大宝库直接交流，并从那里获取所有问题的答案，实现所有希望、梦想和抱负。

最深刻的是，思想是造物主赋予人类完全控制权的唯一事物，是一种甚至连造物主都不能取消、改变或以任何方式剥夺的特权，它强烈地表明思想是为人类专用的，它是造物主最重要的礼物，以及人类可以控制其命运走向的手段。

人类所有的成功，所有的失败和挫折，都是其运用思想或忽视运用思想的直接结果。

思想的功能运作分为九个部门，这是一个组织有序的事物。其中一些部门在没有个人指导的情况下自动运行，而另外的部门则始终由个人控制。

以下是思想各部门的分类：

（1）**意志力**：意志力是思想中所有其他部门的"大老板"。这是一个起点，在这里个人开始行使他控制思想的伟大的独享特权。意志力是整个思想中说"是"和"不是"之人。它执行个人的命令，而不管这些命令的性质或它们可能对个人产生的影响。意志力与它的使用保持着严格的比例。懒惰的意志就像懒惰的手臂一样软弱无力。

（2）**推理能力**：推理能力是思想中的"审判长"。当指示或允许这样做时，它将对所有想法、目标、愿望、目的和引起个人注意的情况作出判断。但是，它的决定可以被"大老板"的意志力所搁置，也可以被情绪的影响所抵消，如果这种意志不坚持自己主张的话。所有思想的一个主要弱点是个人倾向于让自己的意志被情绪所左右。这种错误可能是，而且往往是悲剧，因为情绪与逻辑或理性没有关系。因此，一切由情绪产生的行为都应该小心关注意志力的作用。

（3）**情感能力**：这里是所有思想活动的主要部分的起点。人们做出与他们的"感觉"相协调的决定，并且从事那些没有被理性和意志力所预见的活动。这样的决定往往大部分都是不合理的。

最常见的不顾后果的情感使用，没有从理性和意志力中得到应有的注意，源于爱的情感。爱的情感具有最高层次的精神品质，但它可能是，而且经常是，所有情感中最危险的，因为人们在爱的情感中通常不受理性和意志的改变和影响。

准确的思考者（在思考过程中运用所有思想部

门的人）从不允许自己表达爱的情感，直到他的行为被理智和意志仔细审视过。此外，准确的思考者会将他所有最深层次的愿望、计划和目的提交给他的推理能力部门和意志力部门，以确保他的渴望和热情不会推翻他的智慧，他的爱的情感总是受到不断的怀疑，以免受其控制。

（4）想象力：这种能力是人类灵魂的建筑师。通过这种能力，人类可以形成适合自己的命运，并根据自己的喜好随时改变或调整这种模式。借助于想象力，人类可以以闪电般的速度穿越无限的星际空间，征服头顶的空气和脚下的海洋，仅靠新渠道将旧思想和概念结合起来，就可以创造无数对自己有益的思想观念。

通过想象力，人类可以把幻想与现实主义结合起来，把它们塑造成活生生的产业帝国，从而改变整个文明的趋势。对于由意志力和推理能力指引的想象力来说，没有什么是不可能完成的，但放任的想象会严重破坏一个人的生活。据说，当爱的情感和想象力结合在一起，进行一场不受约束的狂欢时，个人可能永远无法从它们造成的伤害中恢复过来。

想象有可能引发一种被称为"忧郁症"的身体疾病，这种疾病已被证明是医生面临的一个主要问题。它也可能是治疗忧郁症的发源地，有许多可靠的权威人士声称，想象力对身体产生如此强大的影响，它可以激活身体抵御机制，并使其消除多种真正的身体疾病。

想象力是一种伟大的机制，其潜力实际上是无限的，但它是一种非常棘手的机制，需要推理能力和意志力的不断监督。如果你能把这句话读很多遍，直到对它所蕴含的建议的影响力印象深刻，它可能会有所帮助。

（5）**良心能力**：在这里，我们有一个思想部门，它为个人提供道德指导。如果允许在不受干扰的情况下发挥作用，良心会仔细处理个人的所有目标和目的，并在这些目标和目的与大自然的道德法则不协调时警告他。如果个人不遵守或忽视它的警告，这种警告就会停止，良心最终会完全停止运作。

在所有的愿望、目标和目的方面都有充分的良心支持的人，可以直接获得必要的信仰，使他能够完成他可能下定决心要做的任何事情。

（6）五种身体感觉官能： 这五种感官（视觉、听觉、味觉、嗅觉和触觉）是大脑的物理"手臂"，通过它们与外部世界联系并获取信息。感觉并不总是可靠的，因此，它们需要推理能力和意志力的持续监督。

在任何一种高度情绪化的活动中，感觉往往变得混乱和高度不可靠，比如突然的恐惧或强烈的愤怒。任何在恐惧或愤怒的影响下做出的决定都不应被允许存在，除非意志和推理对其进行了彻底的审查。

（7）记忆能力： 这里是思想的"文件柜"，存储了所有的思想冲动、所有的意识体验以及通过五种身体感官到达大脑的所有感觉。记忆也是非常不可靠的,大多数人都能证明这一点。因此,它需要意志和推理的监督与训练。造成记忆不可靠的主要原因是"档案员"(监督记忆活动的个体)无视没有一个明确的体系进行运作。

通过一个实用的记忆训练课程,如罗斯(Roth)系统,可以使记忆变得相当可靠。记忆的可靠性完全取决于负责这一重要思想能力功能的"档案员"的训练、监督和教育。

(8)"第六感":这是思想的广播站和接收站。通过它,人可以自动发送和接收思想的振动,也许还有其他从我们地球以外的智能层面上散发出来的更高级的振动。这是个人和看不见的指导之间的交流媒介,据信这是这些指导的服务。

"第六感"是一种媒介,通过这种媒介,一个合格的心灵可以通过心灵感应原理,在任何距离上与其他心灵交流。可靠的权威已经认识到心灵感应的原理是一种可行的现实,许多书,包括我写的一些书,都详细地描述了它的使用方法。

(9)思想的潜意识部分:这是一个"交换台",通过这个交换台,思想的意识部分可以直接与无限智慧沟通。潜意识作用于达到它的任何想法、计划或目的,它不试图区分积极和消极、对或错的影响。但是,它确实能更快和更有效地回应那些被高度情绪化的影响,比如恐惧、愤怒、信念和信仰。

思想的潜意识部分服从思想的意识部分的影响,意识部分往往通过恐惧、限制和错误的信念顽固地关闭通往潜意识的大门。为了避开由意识部分所设置的这些消极障碍,并为潜意识提供治疗身体疾病的指导,暗示疗法的医生通常会等到个体睡着(有时通过催眠)后,直接与潜意识沟通。

如前所述,有一种机器可以在人处于睡眠状态时给予潜意识任何所需的指令。在留声机上记录命令或指令,把留声机放置在每15分钟播放一次命令或指令的机器上（直到人醒来关掉机器）。该机器由一个时钟操作，时钟可设置为在人睡着后开始播放唱片。

在本书中介绍这些思想部门是必要的。对这些主题简要而非详尽的分析，仅仅是对人类思想运作"机制"的鸟瞰图，以及对思想部门在多大程度上受到个人控制的简要描述。

我们要强调的是，所有的思想，无论是消极的还是积极的、合理的还是不合理的，都倾向于连接它实质的对应事物，并且通过自然和逻辑的方法，用思想、计划和目的来激励个人，以达到所期望的目的。在对任何一个主题的思考通过重复成为一种习惯之后，它就会被潜意识所接管并自动起作用。

"思想即物质"也许不正确，但思想创造了物质是正确的，由此创造出来的物质与创造它们的思想的本质惊人地相似。

许多有能力做出准确判断的人都相信，一个人所释放的每一个思想都会开始一个永无休止的振动，释放它的人稍后将不得不应对，这个人本身不过是由无限智慧所运转的思想的物质反映。许多人也相信，人们用来思考的能量只是无限智慧的一个投射部分，人通过大脑的设备，从宇宙资源中挪用了这部分。

现在我们已经到了开始解释人的思想是如何适应牙科、外科大手术或任何其他可能不得不面对的不愉快的经历的时候了。

思想的调节必须完全通过思想的潜意识部分来完成。因此，让我们进一步看看，潜意识是如何达到和指向任何想要的目的。

你不能完全控制潜意识，但你可以主动地影响它，使它将任何愿望、计划或目的遵照你所希望转化成的具体形式行动。

潜意识从不怠惰。如果你忽视了让它忙于你自己所选择的愿望，它将依赖于你的环境所激发的想法，特别是那些与你不想要的、害怕或不喜欢的事情有关的想法。

无论你是否意识到，你每天都生活在各种各样的思想冲动之中，这些冲动在你不知情的情况下进入你的潜意识。有些冲动是消极的，有些是积极的。

现在你将要被告知如何关闭到达和影响你的负面影响流，以及这些负面影响，包括所有的恐惧，可能被你自己选择的愿望、计划和目的所取代的方式，尤其是掌握对付身体疼痛的方法。

当你掌握了这些技巧，并学会运用它们时，你将拥有打开通往你潜意识之门的钥匙，而你将完全控制那扇门，使任何不良想法或影响都无法通过它。

在我们描述接近潜意识的方法之前，你应该认识到你的潜意识有两扇门。一扇门向你生活的物质世界敞开，这个世界只能通过那扇门进入。另一扇门向内在开启，直接与无限智慧的巨大的宇宙储藏库相连。

祈祷是通过这两扇门进行的。

正是通过这两扇门，一个人的希望、愿望和计

第14章 生命的第十二个奇迹：思想的无限力量

划才能通过明确的目标和实现它的强烈愿望来实现。

正是通过这两扇门，一个人的所有恐惧、怀疑和沮丧都会被转化为生活中的痛苦，如果意识总是想着这些不好的情况的话。人发送到潜意识的每一个想法，由于人们忽视处理和拒绝被环境所激发的每一个消极想法当到达潜意识，都会被潜意识自动接受并付诸行动。

人类最大的矛盾之一是，大多数人穷其一生都是在用他们的思想主要用于思考他们不想要的所有事情和环境，比如贫穷、失败、不健康、不幸福和身体疼痛，他们可能想知道为什么他们会被所有这些令人不快的情况所诅咒。

人的思想所吸引的正是人们最常想到的东西。除了这个陈述的事实以外，请记住，造物主赋予每个正常人完全的、不可挑战的权利和能力，以掌控和引导他的思想力量实现他可能选择的任何目的。你将毫不费力地认识到，人们遇到的所有不良情况都是由于忽视驾驭思想，把它引向想要的目的的结果。

强迫症，医生的话

强迫症意味着想象中的身体疾病！保守的说法是，这种疾病给医生带来的麻烦比人类已知的所有真正的疾病都要多。对不健康的恐惧，以及对它的第一个表亲（身体疼痛）的恐惧，都是遗传的精神状态，它们被视为七种基本恐惧之一，所有人一次又一次从中遭受痛苦。

几年前，在我的公开演讲中，我戏剧性地演示了这种与生俱来的对不健康以及身体疼痛的恐惧的本质，这些都证明了毫无身体疾病的人仅仅通过暗示就可能患上严重的疾病。

演示非常简单。通过静候在礼堂内外不同位置的四名助手的帮助，我进行了演示。我的学生委员会从听众中秘密选出一个"受害者"。在休息时，事先安排好我的"助手"们都走近"受害者"，向他/她提问。

第14章 生命的第十二个奇迹：思想的无限力量

一号助手会问："你不舒服吗？你看起来好像生病了。"二号助手冲到"受害者"面前，激动地喊道，"我说，朋友，你看起来好像要晕倒了！我能给你拿杯水吗？"三号助手很快就会出现，对受害者说："让我帮你一把。你看起来好像快要昏倒了。"然后，转向那些在一旁观看的人，补充说："伙计们，来，帮我找个地方让这个人躺下。他病了。"

如果此时那个"受害者"还没有真正昏倒，一般情况下，第四个助手靠近他时，通常会抓住他的胳膊喊："快叫医生来，这个人需要照顾。"

我做过很多次这个实验，从来没有失败过。其中一位实验者是一个30岁左右的男人，他彻底昏倒了，在医院住了一段时间，医生才终于使他相信他是实验性骗局的受害者。

那次经历之后，我不再尝试这种性质的实验。

让潜意识相信你生病了，它就会立即开始工作，通过让你真的生病来将这种信念转化为必然的结果。

强迫症通常会产生真实的身体疾病症状，如突发皮疹、胃部不适或头痛，而实际情况只不过是恐惧。

俄亥俄州立监狱的囚犯以前对许多新入狱的人开过一个残酷的玩笑。这个玩笑是由一群囚犯组成的委员会，指控新来的犯人有违反监狱规则的假想行为，然后判处他死刑。受害者被蒙住眼睛，双手绑在身后，头放在一个桶上，几个人紧紧地把他按住。然后委员会中一个人会问是否把刀磨得很锋利。有人回答："是的，在我们杀了最后那个人后，我亲自磨快了它。它在这儿呢，又快又猛，这样他就不会尖叫了。"

仪式的那一部分结束后，人们会用梳子粗暴地划过受害者的脖子，然后迅速将红墨水洒在他的脖子上。松开受害者后，其他人都会跑开寻找掩护。一般来说，受害者做的第一件事就是把眼罩拿下来，用手擦脖子，这当然会让他相信自己的喉咙被割伤了，因为他手上有"血"。

有一次，一个受害者非常害怕，开始奔跑并尖叫他被谋杀了。狱警抓住并制服了他，之后他在医院住了几天才从震惊中恢复过来，尽管他能清楚地看到自己的喉咙并没有被割伤。

对疾病的恐惧和对身体疼痛的恐惧是天生的恐惧，动不动就浮出水面，接管一切。然而，恐惧本身总是比被恐惧的事情更糟糕。正如富兰克林·D. 罗斯福在他的第一个任期内所说的那样，当时这个国家被蜂拥而至的恐惧所诅咒，"我们唯一需要害怕的就是恐惧本身。"真相很可能被解释为与对牙科的恐惧有关，因为现代牙科技术实际上几乎消除了病人身体每一部分里所有的身体疼痛，只有一个除外，那就是大脑，它对疼痛的恐惧作为一种思想状态，早在人坐上牙医的椅子前就已经被创造出来了。

如何达到与影响潜意识

思想的潜意识部分受到三个来源的激活影响。第一，所有外部来源通过五种身体感官向个人传递影响，当然包括引起人们注意的其他人的言行。第二，第六感，它接收别人释放的思想，并通过心灵感应传递给个人。第三，来自个人的思想，包括以目的、计划或愿望的形式有意发送给潜意识的思想，以及个人没有特定计划或目的而沉溺于其中的随机思想。

随意的、粗心的、消极的想法占据了大多数人的头脑，而这些想法产生了不好的情况，因为它们被潜意识采纳并付诸行动。潜意识不区分消极和积极的想法，但对一种类型的接受和行动就像对另一种一样快。

这就是大多数人被归为"失败者"的原因。他们的大多数想法都是失败的，潜意识会把它们带向必然的结果。

第14章 生命的第十二个奇迹：思想的无限力量

由于潜意识将所有到达它的想法都转化为必然的结果，不管这些想法对个人是好是坏，我们建议，让潜意识以一种有益的方式为一个人工作的方法，就是根据想要的给予它明确的命令。

当涉及对潜意识下达命令时，必须严格执行下面的指示：

（1）写出一句清晰的陈述，说明你希望潜意识采取的行动，并规定一个具体的时间，你希望在这个时间内采取行动。记住这句话，每天对自己口头重复几百遍，特别是睡前。

（2）当你重复你的陈述时，相信潜意识已采取行动，并看到你自己已经拥有了你陈述中所要求的东西。表达你对已收到你所要求的东西的感谢，结束你的陈述。

（3）在向你的潜意识重复你的陈述之前，先让自己进入一种高度强烈的热情而快乐的情绪状态中，因为你的内心感觉到你的要求将得到满足。潜意识对任何情绪高涨状态下所表达的想法几乎在瞬间就能做出反应,无论是消极的还是积极的。最后这句话意义非常重要。请再读一遍,再想一想。

如何为牙科手术调整思想

现在,我们来详细地说明,人们如何调节自己的思想进行牙科治疗,并且,通过微小的改变,让思想可以适应任何令人不快的情况,如一次外科大手术、亲人死亡等。说明如下:

1. 在医生的监督下,以3至7天的总禁食时间,为预期的手术做好全身准备。在禁食开始前两天,只吃新鲜水果,喝果汁,不抽烟和不喝咖啡。这两天你会有些紧张,但不要因此而气馁。两天后,开始禁食,除了加入两到三滴柠檬汁的水之外,不要将任何东西带进你的身体系统。尽可能多喝水,每天喝12杯或更多杯水。

当禁食结束的第一天,除了一碗没有油的蔬菜汤和一片全麦面包或吐司外,什么也不吃。第二天吃两碗蔬菜汤和两片面包——上午一碗,下午一碗。从第三天开始,只要吃得少,你可以吃任何你喜欢吃的东西。慢慢恢复正常的饮食习惯是非常重要的。一般来说,这是应该遵循的程序,但在开始禁食之前,你的医生必须仔细检查每个细节,包括你应该禁食的天数。

从身体上来说,禁食的目的是为了让你的整个身体系统,你的消化器官、排泄系统、血液系统,有机会度假。禁食的目的,从精神上说,是让你向自己证明你是胃的主人。一旦你掌握了对食物的渴望,你就几乎没有或根本没有困难掌握你对身体疼痛的恐惧。

禁食的另一个目的是调节你的思想,让它容易与你的潜意识沟通。在禁食期间,你的潜意识会对你周围的所有影响都非常敏感,所以要小心避免消极的人以及对消极话题的讨论。

2. 从禁食的第一天起，通过自动建议对自己进行治疗，在整个禁食期间，至少每小时对你的潜意识重复以下指示一次，除非你睡着了：

（1）我完全信任＿＿＿＿＿＿＿＿＿＿，我的牙医，对他的技术、性格和他在牙科方面的经验完全有信心。

（2）当我的牙医做手术时，我会把思想完全从手术中分离出来，把思想集中在我一生中最渴望的事情上，那就是＿＿。

（3）我希望我的牙科手术能够完成，因为这将提升我的个人形象，改善我的身体健康。因为我如此渴望，我将把完成这次手术作为一个宝贵的机会，来证明我的思想比恐惧的情绪更强大。

（4）我在此指示我的潜意识接受我所表达的愿望，并将其落实到每一个细节，从而使我的牙科体验成为一段精彩的插曲。通过这次经历，我将发现我的思想的力量，我将用它指导我的整个未来，以便从我的生活中获得更多的快乐。

这些指导简单易懂，但它们将为你介绍一种新的生活方式，可能会在你未来所有的经历和人际关系中为你铺平道路，也会让你毫无烦恼地完成牙科手术。

在这些指示中，我已经向你介绍了最有利的条件——禁食，在禁食期间你可以向你的潜意识发出指示。在这种情况下，你的潜意识非常警觉并服从任何可能直接达到它的影响，或因为你忽视了远离负面影响而可能得到的任何影响。

现在让我们谈谈禁食。除了让你的潜意识准备好接受和执行你的指令是一种极好的方法之外，禁食还有以下一些好处：

（1）每年至少应进行一两次的禁食，可强健身体，并有助于增强身体对疾病的抵抗力。

（2）禁食提供了一个机会，使人可以很容易地打破抽烟、喝咖啡和酗酒的习惯。如果你有抽烟或酗酒的习惯，在禁食之后想再次吸烟或喝酒，你必须重新学习这个习惯。

（3）禁食使人与自己的精神力量产生非常密切的关系，这也是禁食期间给予潜意识的指示如此有效和运作如此迅速的主要原因。

（4）对于大多数患有假想疾病的神经症和忧郁症的人来说，禁食是一种极好的习惯，前提是禁食是在一位有声望的医生的监督下进行。禁食不是孩子的游戏，除了医生的命令，任何人都不应该禁食。一些治疗学校的医生成功地用空腹禁食来治疗许多身体疾病。

（5）对于那些遵循我在这里给出的指示，并且通过向他们的潜意识发出指示，在禁食期间保持思想忙碌的人来说，禁食并不困难。这是养成禁食习惯的一个主要原因，因为它打开了通往潜意识的大门，在此期间，任何需要的指示都可以给予潜意识。

如果你从未经历过自愿禁食，那么当你第一次体验这个经历时，就会得到极大的享受。头两天你可能有点紧张，尤其是你喝了酒或咖啡。

但从那儿开始你会有一个从未有过的经历，认识到你已经控制了对食物的欲望，这将给你一个坚实的基础。在这个基础上，你可能也可以发展出对许多其他事情的掌握能力，例如贫穷、失败、挫折和各种恐惧。

这个承诺不值得你考虑禁食吗？

（6）在禁食时，你会体验到儿时记忆的回归，体验到一种自信的感觉，就像你以前从未感受过的那样。

几年前，和伯纳尔·麦克法登有联系时，我患了流感。流感的攻击似乎过去了，但我每隔两周就有一次轻微的反复发作。在和麦克法登先生谈论这件事时，他说："你为什么不禁食，把流感病毒饿死呢？为什么还要继续喂养它？"

然后他给了我禁食的指示。按照我在这里给出的同样的指示，我禁食了七天，结果流感完全消除了，更重要的是，我从中学到了一个从那时起就一直遵循的身体调节系统，一个让我免患感冒和流感的系统。

我和妻子每年至少一起禁食一次。由于这个习惯，我们做了一种愉快的游戏，没有任何不便或不适。两个或两个以上的人一起以一种愉快的精神态度禁食，会体验到比一个人单独禁食更大的好处。

在为牙科或外科手术做准备而禁食时，应至少在手术开始两周前结束禁食。同时，禁食结束后，你的医生应该彻底检查你的身体系统，确保你的血球计数、尿检和心脏检查都是令人满意的。在某些情况下，一个人的饮食，在经历禁食后，可能需要维生素形式的食物补充剂，但这应该由你的医生开处方，而不是根据自己的判断去购买。通常情况下，拔牙后，特别是需要使用全口假牙的情况，牙龈不能令人满意地愈合，牙医认为有必要开一些维生素形式的食物补充剂。

关于禁食的另一个建议是：禁食期间不要进行任何繁重的体力活动。在禁食不受干扰的情况下可以做一些轻松的家务活或办公室工作，但必须避免各种性质的过度劳累。

有许多关于禁食的好书，所有的公共图书馆都有这方面的书单。关于这个问题，我能推荐的最好的书籍之一就是伯纳尔·麦克法登的《如何禁食》。

几年前，麦克法登先生通过禁食彻底地调节了自己的思想以控制身体的疼痛，以至于在没有任何麻醉剂的帮助下被牙医拔掉了牙齿。虽然这表明可以通过思想控制来驾驭疼痛，但我个人认为，在做外科大手术或拔牙时，麻醉药是有用的。

按照为牙科手术调节思想的方式，我在这里所描述的程序也可以应用于驾驭贫穷、实现富裕或财务丰裕。人们只需要改变陈述的目的，以配合任何想要的目标。

思想的力量没有限制，除了那些个体为自己建立的，或允许由外界影响而建立的之外。

的确，无论思想能设想和相信什么，思想都能实现！

好好研究这句话中的那三个关键词，因为它们概括了这一整章的总结和内容。

你在运用本章所提出的思想调节方案上的成功，很大程度上取决于你运用它时的心态。如果你相信你会得到满意的结果，你就会得到它们。

当你向你的潜意识发出指示时，通过为这个目的而准备的陈述，你可以用祈祷的形式重复这个陈述来加速成功，从而把你的信仰的全部力量置于你的陈述里。

信仰这个词是在合理范围内没有限制的一种力量的象征，只要我们找到在任何领域取得显著成就的人，我们就能找到它的影响力的证据。

托马斯·A. 爱迪生相信他能完善白炽灯，这种信念使他在得到他一直寻找的答案之前，成功地经受了一万次失败。

马可尼相信,以太可以不用电线来传递声音的振动,这种信念使他经历了许多次失败,直到最终获得胜利,并为这个世界提供了第一种无线通信方式。

哥伦布相信他会在大西洋上一个未知的地方找到陆地,他不停地航行直到找到它,尽管他的水手们威胁说要叛变,他们没有他那么幸运,有信仰的能力。

舒曼-海因克夫人相信她能成为一名伟大的歌剧演唱家,尽管她的音乐老师建议她回到缝纫机旁,满足于做一名女裁缝。她的信念使她获得了成功。

海伦·凯勒相信她能学会说话,尽管她失去了语言、视力和听力的功能,她的信念使她的语言能力得以恢复,并帮助她成为鼓励所有因身体的痛苦而在绝望中想要放弃的人的光辉榜样。

亨利·福特相信他能造出不用马的小机动车,用很小的成本就能提供快速运输。尽管到处都是"疯子"的叫骂声和世人的质疑,他还是让自己信念的产物飞奔在大地上，使自己变得非常富有。

居里夫人相信镭金属是存在的，尽管从来没有人见过镭，也没有人知道从哪里开始寻找镭，但她还是承担了寻找镭源的任务。她的信念终于使她揭示了这一贵金属的来源。

我儿子生下来就没有耳朵，把他带到世上的医生告诉我，他一辈子都是聋子时，我相信我有能力影响大自然，为他即兴创造一种听力系统。所以我通过他的潜意识去工作，当他的正常听力恢复到65%时，我得到了回报。

当我要拔掉所有牙齿准备补牙的时候，我相信——不但如此，我知道——我可以毫无不适地完成手术。我知道，因为我无数次地看到，人类的思想掌控着身体上的疼痛和人们不时遇到的所有其他不愉快的情况。我知道，因为我从经验中了解到，我自己的信仰能力可以消除阻碍我前进的所有障碍，并抛开所有自我强加的限制。

第14章 生命的第十二个奇迹：思想的无限力量

人类所知道的最深刻的事实是，只有人类才有控制和引导自己的思想达成他所选择的任何目的的绝对特权。所有其他生物都是受一种本能模式的约束而生活，这种本能模式是它们无法改变的，而且它们无法超越这种模式而行动。这种有区别的特权表明，它是人类控制其命运的关键。我们知道，忽视或未能利用这种特权将带来痛苦、贫困、失败、挫折、疾病、绝望和其他消极心态形式的明确惩罚。我们还知道，接受和使用这一深刻的特权给予了人类掌握自己命运的钥匙。

这就是至高无上的奇迹——掌控自己的思想并成功地将其引导到自己可以选择的任何目的的力量。

另一个显著程度稍逊的奇迹是，除了这种人类拥有主宰自己思想的权利的深刻天赋之外，还有一种力量的源泉，使这种天赋在人类的成就中变得没有限制。这第二个奇迹是思想的潜意识部分，通过它，人类可以联系并利用无限智慧的宇宙力量。

一个人通过潜意识与无限智慧联系的方法很简单；它包括重复一个想法、愿望或目的，通过经常把它带入有意识的思想中，并以一种情绪高昂的状态口头表达它，从而使潜意识能够明智地对它采取行动。潜意识不会对任何没有明确对它表达的想法、计划或目的采取行动。

在前面的句子中，你已经知道了为什么那么多人不能从他们的潜意识中得到满意结果，也知道了为什么大多数人都失败而不成功。

当你向潜意识发出指示时，一定要明确、清晰地表达你的愿望，你就不会失望，你要用强烈的信念使你的指示情绪化，坚信它们会被执行。通过这个过程，宇宙运行的力量将由你支配！

关于作者

拿破仑·希尔于1883年出生在弗吉尼亚州维斯郡庞德河畔的一座单间的小木屋里。他是经典励志著作《成功法则》和《思考致富》的作者。拿破仑·希尔一生致力于成功法则的写作、教学和授课。在度过了漫长而成功的职业生涯之后,希尔于1970年11月去世。他的毕生事业在拿破仑·希尔基金会的引领下继续发扬光大。